建設マネジメント

総合技術監理へのアプローチ

市野道明・田中豊明 共著

鹿島出版会

まえがき

　戦後の日本において緊急性を求められた社会資本整備は、荒廃した国土の復興と人々の生活を安定させるため、国策としてまず治山治水事業の復興が開始され、ついで鉄道、道路、港湾の整備や臨海工業用地の造成、電力通信事業など経済を支えるインフラ整備が行われた。

　国土の均衡ある発展と豊かな国民生活の実現を目指し、極めて短期間に、高速道路、国際空港、上下水道、公園など多くの社会資本が整備されてきた。

　21世紀を迎えた今日、建設事業を取り巻く環境は、国際化の進展と建設市場の開放、規制緩和、公共投資の縮小、産業界のリストラなど大変厳しい状況となっている。ことにわが国は少子高齢化の社会、環境問題の深刻化と循環型社会への移行、IT革命の進展と経済社会のグローバル化、さらには国家財政の圧迫など歴史的な転換期を迎えており、新たな社会資本整備のあり方が問われている。

　これまでの社会資本整備については、必要に応じて謙虚に見直してゆき、地球環境への配慮、ライフサイクルコストなどについて、これまで以上に十分配慮してゆくことが求められている。

　豊かな社会生活が営まれ、国民のニーズが多様化している今日、これまでどおりの社会資本整備のシステムは受け入れられなくなってきており、従来のシステムを見直し多様な社会のニーズに応える必要がある。そのため、建設事業に対する再評価と修正が必要で、新しい時代に適合する建設マネジメントの技術が求められている。

　建設マネジメントの教育と研究にあたっては、生産構造、事業執行制度、入札制度、関連法規をはじめ、見積り、資材調達、品質、工程、原価、安全、環境、情報、人的資源管理などに関わるプロジェクト業務全般について、理論と実務両面からのアプローチが重要である。

大学土木教育に関するアンケート調査からは、大学においても、教養で経済学の概要を学習する以外は、マネジメント(経営)や原価に関係したことを専門知識の一部として具体的に学習する機会が、大変少ないことが指摘されている。

　本書は、大学の教科書として、また、企業、官庁等に勤務する経験10年以内ぐらいの土木技術者の教育用テキストあるいは専門書として、土木技術者に習得してもらいたい建設マネジメントに関する専門知識を企業の財務会計にまで及び、基礎的なものに限定して例題を挙げながら、体系的かつ網羅的に与えることを目的としたものである。

　本書が出版されるに至ったのは、佐藤工業株式会社(元)代表取締役副社長で(元)土木学会建設マネジメント工学委員長の宮田弘之介氏の30数年にわたる御指導の賜物であり、また、同社や土木学会等の業務を通じての活動で実施したいくつかのテーマも含めてまとめたものである。これらの活動に関係した多くの皆様に深く感謝する次第であります。

　本書の刊行にあたり、鹿島出版会の橋口聖一氏には多大なご協力をいただくとともに、編集と校正にも労を煩わせました。ここにお礼と感謝を申し上げます。

平成21年5月
市野道明

目 次

まえがき

第1章 序 論 ... 1
- 1.1 はじめに ... 1
  - 1.1.1 本書の内容 ... 2
- 1.2 請負工事と価格の設定 ... 5
  - 1.2.1 価格決定のメカニズム ... 5
  - 1.2.2 請負契約と工事価格 ... 6
  - 1.2.3 入札制度と工事価格 ... 8
- 1.3 わが国の建設産業の特徴 ... 10
  - 1.3.1 国家経済に占める位置づけ ... 10
  - 1.3.2 社会資本の現状と諸外国との対比 ... 13
  - 1.3.3 建設産業の構造的特徴 ... 14
- 1.4 国家レベルでの公共事業の実施計画の推移 ... 16

第2章 建設プロジェクト ... 19
- 2.1 建設プロジェクト ... 19
  - 2.1.1 建設プロジェクトの特徴 ... 20
  - 2.1.2 プロジェクトマネジメント ... 21
  - 2.1.3 プロジェクトの評価と方法 ... 22
- 2.2 建設プロジェクトの展開 ... 23
  - 2.2.1 建設プロジェクトのステップ ... 24
- 2.3 建設プロジェクトの参画者 ... 26
- 2.4 建設プロジェクトの運営方式 ... 27
  - 2.4.1 直営方式 ... 28
  - 2.4.2 請負方式 ... 28

第3章 プロジェクトの採算性と効率性の評価に関するマネジメント ……… 37

- 3.1 採算性の考え方 ……… 37
  - 3.1.1 公共工事の場合 ……… 37
  - 3.1.2 民間企業の場合 ……… 38
- 3.2 プロジェクトの採算性評価 ……… 38
  - 3.2.1 複利計算について ……… 38
  - 3.2.2 採算性の評価方法 ……… 41
  - 3.2.3 例 題 ……… 43
- 3.3 企業における採算性の評価と損益分岐点分析 ……… 48
  - 3.3.1 採算性の評価 ……… 48
  - 3.3.2 損益分岐点分析 ……… 49
- 3.4 建設プロジェクトの費用便益分析 ……… 54
  - 3.4.1 費用便益分析(Cost Benefit Analysis) ……… 54
  - 3.4.2 例 題 ……… 60

第4章 契約と法規に関するマネジメント ……… 69

- 4.1 契約の種類と特徴 ……… 69
  - 4.1.1 契約の基本理念 ……… 69
  - 4.1.2 建設工事の請負契約 ……… 69
  - 4.1.3 契約の種類と内容 ……… 70
  - 4.1.4 発注者・請負者の関係 ……… 70
  - 4.1.5 工事請負契約約款 ……… 70
  - 4.1.6 契約書の効力 ……… 70
  - 4.1.7 契約書の構成 ……… 71
  - 4.1.8 契約図書の優先順位 ……… 71
- 4.2 工事請負契約の方法と手続き ……… 71
  - 4.2.1 官公庁入札制度の変遷 ……… 71
  - 4.2.2 入札の種類 ……… 72
  - 4.2.3 WTO協定による入札・契約制度の改革 ……… 73
  - 4.2.4 入札制度の改正 ……… 74
  - 4.2.5 新しい入札方式 ……… 76
  - 4.2.6 施工条件の明示 ……… 78

4.2.7	入札・契約に関わる保証制度	79
4.2.8	公共工事の請負契約の手順例	80
4.3	契約約款運用上の考慮すべき要点	81
4.3.1	公共工事標準請負約款	81
4.4	欧米の契約制度	84
4.4.1	米国の入札・契約制度	85
4.4.2	英国の入札・契約制度	86
4.4.3	フランスの入札・契約制度	86
4.4.4	ドイツの入札・契約制度	87
4.4.5	欧米主要国における入札・契約制度の比較	87
4.5	関連法規	89
4.5.1	日本の法制度の仕組み	89
4.5.2	わが国の土木行政	90
4.5.3	建設事業に関わる法制度	90
4.5.4	建設業法の目的と構成	91
4.5.5	経営事項審査制度	93

第5章　見積り、実行予算および施工計画に関するマネジメント　　97

5.1	見積り	97
5.1.1	見積りと積算	97
5.1.2	工事発注から竣工までの業務の流れ	97
5.1.3	見積りの困難性	98
5.1.4	見積業務の実際	99
5.1.5	見積価格の算定例	106
5.1.6	見積りと原価	111
5.2	施工計画	111
5.2.1	施工計画の準備	112
5.2.2	施工計画の立案	112
5.3	実行予算	119
5.3.1	実行予算の重要性	119
5.3.2	見積りと実行予算	119
5.3.3	実行予算の作成	120

5.3.4	実行予算作成の留意点	*123*

第6章　施工管理と原価管理に関するマネジメント … *125*
- 6.1　施工管理概論 … *125*
  - 6.1.1　施工管理の概念 … *125*
  - 6.1.2　建設工事の特徴と施工管理 … *126*
  - 6.1.3　品質、工程、原価の関わり … *127*
  - 6.1.4　請負工事と施工管理 … *128*
- 6.2　原価管理と利益 … *129*
  - 6.2.1　原価管理 … *129*
  - 6.2.2　原価統制（コストコントロール） … *130*
  - 6.2.3　原価低減（コストダウン） … *133*
  - 6.2.4　価値工学（Value Engineering） … *134*
  - 6.2.5　原価管理の実際 … *137*
- 6.3　工程管理・品質管理の要点 … *145*
  - 6.3.1　工程管理 … *145*
  - 6.3.2　品質管理 … *152*

第7章　財務と会計に関するマネジメント … *161*
- 7.1　財務諸表の必要性 … *161*
  - 7.1.1　建設業の倒産 … *161*
  - 7.1.2　財務書表の必要性 … *162*
  - 7.1.3　建設業の財務内容の特徴 … *163*
  - 7.1.4　貸借対照表 … *163*
  - 7.1.5　損益計算書 … *167*
  - 7.1.6　キャッシュフロー計算書 … *171*
  - 7.1.7　決算書 … *171*
- 7.2　財務分析 … *173*
  - 7.2.1　収益性分析 … *173*
  - 7.2.2　流動性分析 … *176*
  - 7.2.3　生産性分析 … *178*
- 7.3　例　題（財務分析） … *181*

第8章　ISO規格による品質、環境マネジメント ……………… 187
8.1　ISOとは ……………………………………………………… 187
8.2　ISOの位置づけと必要性 …………………………………… 189
8.2.1　国際化の進展 ………………………………………… 189
8.2.2　受注体質の強化と品質確保 ………………………… 189
8.2.3　環境問題への対応 …………………………………… 190
8.3　ISO9000s ……………………………………………………… 190
8.3.1　ISO9000s ……………………………………………… 190
8.3.2　適用範囲 ……………………………………………… 191
8.3.3　品質マネジメントシステムの特徴とモデル ……… 192
8.3.4　公共事業への適用 …………………………………… 198
8.4　ISO14000s …………………………………………………… 199
8.4.1　ISO14000s …………………………………………… 199
8.4.2　環境マネジメントシステムの特徴とモデル ……… 200
8.4.3　建設業の環境マネジメントシステム ……………… 203
8.4.4　ISO14001構築の事例 ………………………………… 204

第9章　労働安全衛生マネジメント ……………………………… 209
9.1　建設工事における労働安全と衛生 ………………………… 209
9.1.1　建設工事の作業環境の特徴 ………………………… 209
9.1.2　労働災害と疾病発生状況 …………………………… 210
9.1.3　労働災害発生の仕組みと要因 ……………………… 211
9.2　労働安全衛生に関する諸制度 ……………………………… 211
9.2.1　労働安全衛生に関する法律 ………………………… 211
9.2.2　労働安全衛生法の概要 ……………………………… 212
9.2.3　労働災害と安全、衛生の定義 ……………………… 213
9.2.4　労働災害発生に伴う法的責任 ……………………… 213
9.2.5　労働安全衛生管理の要点 …………………………… 215
9.2.6　労働災害の評価指標 ………………………………… 217
9.3　労働安全衛生マネジメント ………………………………… 220
9.3.1　労働安全衛生マネジメント ………………………… 220
9.3.2　建設業労働安全衛生マネジメントシステム ……… 220
9.3.3　建設業労働安全衛生マネジメントシステム構築 … 222

巻末表 …………………………………………… *229*

参考文献 ………………………………………… *235*

索引 ……………………………………………… *239*

第1章 序 論

1.1 はじめに

　建設事業が取り扱う社会資本整備については、国土の均衡ある発展と豊かな国民生活の実現を目指し、治山、治水事業をはじめとし、道路、鉄道、空港、港湾、電力、農林水産、上下水道、住宅、病院、公園、リゾート等の国土保全施設、生活基盤施設、産業基盤施設など社会資本の整備拡充が実施されてきた。
　これらの建設プロジェクトは、道路改修や公園施設などの身近なプロジェクトから、東京湾横断道路、関西国際空港のような大規模な国家的プロジェクトまで様々なものを対象とする上、単品受注・野外生産など他業種にはみられない多くの特徴を有している。そのため、建設プロジェクトの実施にあたっては、これらの特徴を十分考慮した企画・調査・設計・施工が求められる。
　特に大型の建設プロジェクトでは、企画から実施・完成に至るまで長期間を要するため、プロジェクトを取り巻く社会環境・経済環境・周辺環境などの変化により、当初の条件に適合しなくなる場合がある。
　建設プロジェクトの実施に際しては、これら諸条件の変化に適合する対応を行いながら、プロジェクトを完成へ導くことが求められる。つまり、建設プロジェクトの完成と運用という最終目的を効率良く達成するために、各事業プロセスで発生する諸条件の変化を的確に把握し、調整と対応を図るためのマネジメント活動が重要となる。
　建設マネジメントは、建設プロジェクトを合理的に完成させるため、そこに投入する経営資源を効果的に活用するための工学で、建設プロジェクトの企画、竣工、維持管理まで建設プロジェクト全般にわたり効率良くマネイジ(経営)するためのソフト技術を対象にするものである。
　現在、建設事業を取り巻く環境は国際化の進展と建設市場の開放、規制緩和、公共投資の縮小、産業界のリストラなど大変厳しい状況となっている。

これらを克服するため、これまでの方式の再評価と修正が必要で、新しい時代に適合するマネジメントが求められている。

建設マネジメントが対象とする領域は、**図 1.1**に示すように、生産構造(生産の仕組み)、事業執行制度(事業の進め方)、積算制度、入札制度、関連法制度、財務会計など建設事業全般を俯瞰する内容から、実際の工事運営に関わる見積り、調達、工程、原価、品質、安全、環境管理などのマネジメントまで多方面にわたっている。

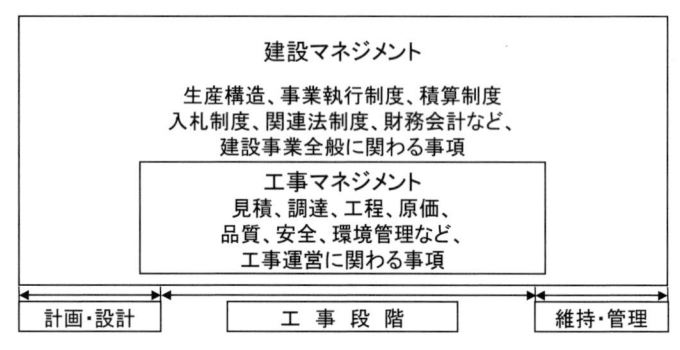

図1.1 建設マネジメントの領域[6]

これら建設マネジメントの技術は極めて実践的なものであり、経営の要素も含まれていることから、その理解にあたっては理論と実務両面からのアプローチが重要となる。

欧米ではマネジメントに関する教育が大変盛んであるが、日本の大学においては、教養で経済学の概要を学習する以外は、マネジメント(経営)や原価・コストに関して学習する機会が大変少ないといわれており、今後は日本の大学においても、マネジメントに関する教育が盛んになることが期待されている。

1.1.1 本書の内容

建設マネジメントは、プロジェクトに参加する者の立場により、その捉え方や活動する業務内容に大きな違いがある。特に、受注者側においては、現場作業所と本店と支店のレベルとでは、マネジメントに対する取り扱いや関心の持ち方が大きく異なっている。

例えば、原価やコストに関するものでも、前者が現場作業所単独の利益に関心があるのに対して、後者では複数の現場作業所を対象にした全社的な財務・会計に関するマネジメンや経営戦略的な側面からのマネジメントが要求される。

このようなことから、本書では、**図1.2**に示すように、プロジェクトに参加する者の立場を、受注者を現場作業所と本店・支店の2者に分け、発注者と合わせ、都合、3者で代表させている。読者は、本書の内容がこれら3者の立場から、適宜、書き分けられていることに注意されたい。

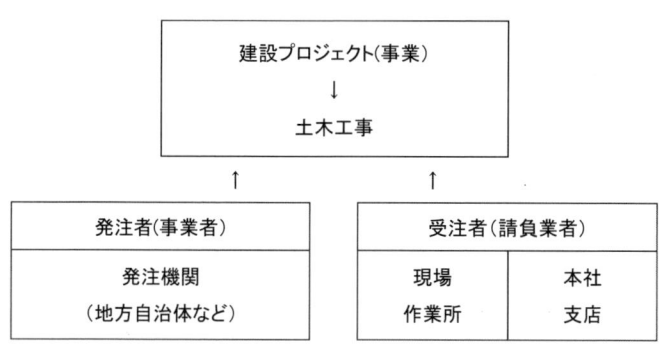

図1.2　建設プロジェクトへの参加者の区分

以下、本書の主な内容を説明すると次のようになる。

第1章の「序論」は本書の内容をよく理解してもらうために設けたもので、最初に請負契約と工事価格の決定メカニズムについて説明するとともに、わが国の建設産業の特徴について述べる。

特に、建設産業が国家経済に占める位置づけと建設産業の構造的特徴、および、国家レベルでの公共事業の実施方針について概説する。

第2章の「建設プロジェクト」では、建設プロジェクトの定義や特徴、プロジェクトの評価法について概説した上で、プロジェクトの流れ(企画・調査から維持・管理まで)と実施形態について解説する。これらの知識は第3章以下の内容を理解してもらうために設けたものである。

第3章の「プロジェクトの採算性と効率性の評価に関するマネジメント」では、プロジェクトに関わる採算性を正しく評価するための基礎的な項目を学習する。公共部門と民間企業における採算性の考え方とその違いを述べ、各々のプロジェクトごとに行われる採算性の評価について、都市再開発などに代表される投資か

ら資金回収までが長期にわたる開発投資型プロジェクトの事業計画と、土木工事そのものに関わる原価低減の方策についての説明を行う。

この説明では、複利計算の仕方と採算性の評価方法を示し、例題を通してそれぞれの内容が十分に理解できるようにしている。複利計算は、プロジェクトが長期にわたるとき、お金の価値について時間のずれを考慮するためのものであり、採算性を検討する上で重要になる。

さらに、この章では、本社・支店で行う経営戦略上の採算性の評価に関わるものとして、採算性の判断と売上高・費用・損益との関係を示す損益分岐点について述べる。そして、プロジェクトの効率性の判断として、社会的便益と社会的費用を計測して行う費用便益分析の方法について説明する。

本章の内容は、プロジェクトに参加するいずれの人にも関係する。

第4章の「契約と法規に関するマネジメント」では、発注者、受注者ともに理解が必要な入札・契約に関わる事項を説明し、建設事業ならびに工事に関わる関連法規について概説する。また、建設工事請負契約約款の解説を中心として、契約の種類と特徴、契約の方法と手続き、契約約款運用上の考慮すべき要点について解説する。

海外工事や国際化との関わりから欧米の建設契約制度について言及し、さらに関連事項として、わが国の法制度の仕組み、土木行政、関連法規について述べる。

第5章の「見積り、実行予算および施工計画に関するマネジメント」では、入札から竣工までの業務の流れを受注者側から説明するとともに、入札時点における見積りと落札、工事担当者決定後に行われる施工計画の作成と実行予算の立案について詳述する。

ここで実行予算とは、現場作業所においてどういう具合にお金を使うかという予算計画であり、現場単位の利益予想に用いられるばかりでなく、工事期間中はこれに基づき原価管理を行い、工事後において実際の工事原価と比較されるなど現場運営上極めて重要な内容が含まれている。

第6章の「施工管理と原価管理に関するマネジメント」では、現場作業所において実施される施工管理の概念を説明するとともに、原価管理と利益について説明する。また、原価に関係する重要管理項目として、工程・品質・安全管理の要点について解説する。

現場作業所における利益を確保するためには、原価の低減に努力することと、実行予算と実際の出来高と原価との差異を分析し、差異が生じた場合には、対応策を立て改善を図っていくアプローチが重要であることを述べる。

第7章の「財務と会計に関するマネジメント」では、いくつもの現場作業所における損益を合わせた企業の本・支店のレベルにおけるお金の流れや決算について説明する。企業の会計年度における収支決算については、貸借対照表(B/S、バランスシート)と損益計算書(P/L)およびキャッシュフロー計算書(C/F)の報告書から読み取ることができる。

貸借対照表は、期末決算日における企業の資金の調達方法とその運用状態、すなわち財政状態を表すものであり、損益計算書は一定期間(通常1年間)の利益について収益と費用を対比する形で示したものである。

キャッシュフロー計算書は利益とキャッシュの違いを表現するもので、期末残高時点における貸借対照表のキャッシュと損益計算書に示された利益の関係を示すものである。これにより、儲けとお金(キャッシュ)の関係が把握できる。

これらの資料の見方を学習することにより、企業の財務や会計に関する基礎的な項目を修得するとともに、企業の財務状況を知るため簡単な例題を通して説明し、企業における会計・財務の管理システムについて解説する。

第8章の「ISO規格による品質、環境マネジメント」では、国際標準化規格のISO9000sの品質マネジメントシステムとISO14000sの環境マネジメントシステムについての概要を述べる。

第9章の「労働安全衛生マネジメント」では、建設産業の構造的特徴に起因する労働災害の現状と労働安全衛生法および安全衛生管理活動について解説するとともに、建設業労働災害防止協会により制定された建設業労働安全衛生マネジメントシステムの概要と構築の必要性について述べる。

1.2 請負工事と価格の設定

1.2.1 価格決定のメカニズム

土木工事の価格設定について説明する前に、物の価格はどのようにして決まるのかということを考えてみる。

いま、朝、駅の売店で新聞を買えば130円から150円、ガムは定価120円ぐらいである。トマトの値段はスーパーで買えば1キロが〇〇〇円程度であり、季節や年々による価格の変動が激しい。牛乳1リットル入りパックは200円程度、牛肉の値段は品質、種類、国産、輸入の別などで異なるが、スーパーで買えば100グラム当たり〇〇〇円から△△△円であろうか。同じ牛肉でもレストランで食事

をするとなるとサービスの料金が付加され、同じ牛肉でも高くなる。さらに、直径数十センチの皿となると、実用品に限ってみても、数百円から数万円までの価格の差がある。食料品や日常品は無ければ買わないわけにはいかないが、他のものであれば、それぞれの好みに応じ商品を選択し購入することができる。

　ここで、物の値段すなわち売り値は、（原価あるいは仕入れ値）＋（直接・間接的な販売経費）＋（販売による利潤）として表すことができる。売り手の利益は売上げ個数も関係するので、商品1個当たりの経費を正確に把握し、市場の動向をつかんだ上で、価格競争力を失うことなく適切な売り値を設定する。

　例えば、商品1個当たりの利潤が少なくても、数多くの商品が売れれば、十分な利潤を確保することができる。駅の売店では定価で商品の売買がなされることが多いが、スーパーや安売り店に行けば定価よりも安い値段で同じ商品を手に入れることができる。これは、上記の項目をそれぞれ圧縮し、売上げ数量を伸ばすことによって、売り手と買い手の双方に利益をもたらそうとするものである。

　有名ブランド品などでは、商品に付加価値をつけて、販売数量が少なくとも売り手側には十分な利益が出るようにし、買い手側には商品の購買、使用に対する満足度を与えようとするものもある。

　通常の商品の売り買いでは、消費者はそれぞれの好みに応じて購買を選択することができると同時に、売り手側も自由に価格を設定することができる。

　一方、われわれの周りには、何も市場原理だけで価格が決められているものばかりではない。われわれの生活に密着し、物価への影響が大きい料金（これの代表的なものが公共料金である）の改定にあたっては、政府あるいは地方自治体への届出制や許可制の対象になっているものも多い。例えば、JR の遠距離の乗車運賃は、JR 各社に分割され民営化された今日でも、全国一律である。

　また、自由化されるまでの東京のタクシー料金もタクシー会社によらず一律で、2 キロまでは普通車で 650 円、あとは走行距離に応じて 90 円ごとに上がっていく。この他、都市の私鉄乗車賃、航空運賃、公共事業体である電力や都市ガス料金などがこの範疇に入る。

1.2.2　請負契約と工事価格

　さて、建設工事の価格設定は入札、受注による請負契約により決定される。この方式は上に述べた一般の商品の価格（市場原理による自由価格）とも公共料金とも全く異なる方式である。ここで請負とは、ある仕事を請負者が全責任を持って引き受けて完成させ、注文者がそれに対して報酬を支払う契約のことである。

請負を簡単な例で示してみる。いま、貴方が車のガレージを作る計画を持っているとしよう。ここで、貴方は、知り合いの業者に工事の計画を話して、図面と見積書の作成を依頼したとしよう。業者はしばらくして図面と見積書を貴方に提出する。図面と見積金額について業者と話し合い細部を詰めてゆく。結果として、図面と見積金額が妥当と思われたので、貴方は業者に工事を依頼したとする。

　その後、工事が終わると業者から請求書が提出される。請求書は見積金額と同じときもあるし、工事の実情に合わせ変更されていることもある。ここで、貴方は、請求額が妥当であると判断すれば支払いを済ませ契約は完了する。

　貴方にはガレージが、業者には工事代金が入る。以上が請負契約のあらましである。正確には請負は工事を発注してからガレージの完成、代金支払いまでの行為を指すことになる。このような簡単な工事では契約書を作らないことも多いが、図面と見積書だけでも、さらには口約束でも契約は契約であり、立派な商い行為である。

　ここで、貴方が請負を用いた理由は、ガレージの完成後のイメージはあるものの、工事の手順や内容が不確かで、工事を業者に依頼しないわけにはいかないためである。この種の工事で多いトラブルは、注文主の思った通りの物ができなかった場合や、業者からの請求金額、あるいは工事代金をめぐる問題である。そして問題解決の鍵は、両者の誠意ある行為と相互の信頼関係にある。

　さて、建設市場が商品としている対象は、発注者が完成後に使用、あるいは供用を開始する建設施設や建設構造物である。このうち土木施設の建設は、工事の都度異なる生産現場において、工程に合わせて労働者、機械、資材等の生産手段を、異なる組合せで調達しながら生産を行っていかなければならない。さらに、寸法、材料、構造、機能等の施設の仕様は、その用途、目的に応じて異なるのが普通であり、ごく近くに同じ施設を建設するとしても、地盤条件等が変化するので設計や施工が全く同じになることはありえない。むろん、屋外作業が多いことから天候等の影響も受ける。

　基本的には先のガレージ工事と同じ特性を持つわけだが、工事が大型化して複雑になり、不確定要素が増し、工事費も高額になる。また、工事が大型になり高額になると、工事の受注を希望する建設業者の数は当然増えることになる。

　このような経済取引において、業者を選定するために用いられている方法が競争入札である。ここで入札とは、通常、建設業者が工事費の総額を記載した書面を提出し、その結果により、工事を請負わせる業者を決める行為をいう。

1.2.3 入札制度と工事価格

競争入札は、建設業者の公正な競争、公示価格の低減、発注者の保護等を主な目的した行為である。競争入札は建設工事のほかにも絵画や中古車の競売、鮮魚や野菜の競り等でも行われている。

ここでは、公共工事を例に官庁、民間工事を通して最も多く用いられてきた指名競争入札制度について説明する。

指名競争入札は、建設工事を請負う建設業者を選ぶ入札方式のひとつで、国や地方自治体等の工事の発注者が入札に参加すべき建設業者を指名して、指名された業者だけで競争する制度である。この方式を**図1.3**に示す。

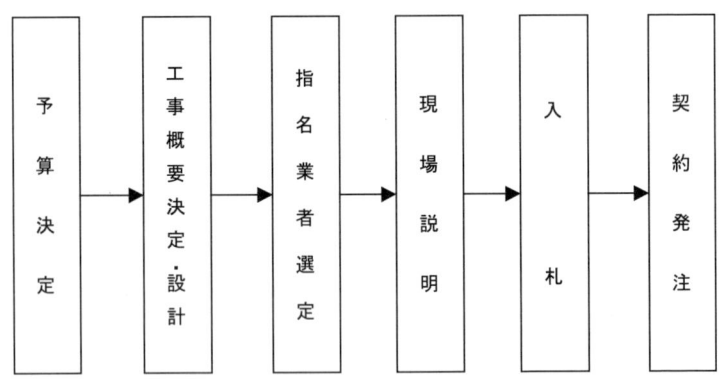

図1.3 公共工事発注までの流れ（指名競争入札の場合）

しかし、指名競争入札は指名された経験のない業者や外国業者の新規参入が難しいということの他に、工事の受注を常連とする業者仲間や業者と発注者の間などに馴れ合いや癒着、談合が生じやすい欠点がある。

このため、日本の公共事業市場の開放を求めて米国が、日米建設協議の場を通じて日本の指名競争入札制度の改善をたびたび求めてきた経緯がある。

また、国内の建設業者等の間でも、公共工事の入札をより透明で開放的なものにし、さらに競争性の高いものにすべきだとの声も増えてきた。

これを受けて、国土交通省では、現在、公共工事の入札、契約制度を抜本的に見直し、価格一辺倒から技術面も重視した新しい入札方式が取り入れられるようになってきた。

ところで、指名競争入札においても、公共工事の発注価格が適切なものになるような努力は当然払われてきた。そのひとつは先に述べた建設業者の指名方式であり、もうひとつは、会計法に定められている事前に予定価格を積算してそれを超えた価格での落札は許さないという予定価格制である。

さらに、会計検査院による検査の中では、予定価格の積算検査がかなりの比重を占めており、予定価格が適切なものになるように指導、是正が行われている。工事の予定価格は、建設現場の環境や地盤状況等を適切に判断し、妥当な施工法によるものでなければ、適切な価格とはならない。

一方で、入札価格には建設業者の健全な競争と良質な工事施工の確保、ダンピング防止のために工事費の最低価格に相当する最低制限価格が一般に設けられている。

次に、入札価格について受注者の立場から考えてみよう。

落札価格は予定価格以下であるから、建設業者は努力して工事原価や経費を節約し、工事を無事完工して引き渡すとともに、利益を生み出す必要がある。また、契約上は発注者と請負業者は対等であり、工事の完成に向けて双方が努力することになるが、施工条件や協議事項の解釈などをめぐっては、施工条件が十分に明示されてないことや発注者が交渉の決定権を持つことが多く、片務的な契約となりやすい。

過大な積算やムダな支払いがないかどうかについては、会計検査院によるチェックを受け、確認されれば是正されるのは当然のことである。また、建設業者も納税者であり、公共工事において不正に、あるいはムダに税金が使われることを望むものはいないはずである。公共工事の工事費は税金が使われることから、国民の側からはできるだけ安いことが望ましい。

しかし、最低制限価格が設けられることからも明らかなように、工事を請け負った建設業者が経営的に安定せずダンピングが始まり、業者間の公正な競争や良質な工事施工の品質を保てないようでは困る。また、会計検査においても、過小積算を見逃すことがあってはならないし、さらには工事の就労者の生活にしわ寄せがいくような工事費であってもならない。

すなわち、建設業者には責任ある施工体制の確立と原価、経費削減への更なる一層の努力が求められ、発注者には工事の実態に合う予定価格を適切に評価し契約を正しく運用、実施していくことが強く望まれている。

さらに、建設業界が進めている構造改善において重要課題とされている建設工事の適正化問題についても、工事原価に関する十分な理解を抜きにしてはできな

いはずである。

　また、このような発注者、受注者双方の共通の課題に対する正しい認識と理解、そして着実な改善が、建設業者の経営基盤の強化となり、さらには建設業者間や発注者との馴れ合いや癒着、談合を改めることにつながるはずである。

1.3　わが国の建設産業の特徴

1.3.1　国家経済に占める位置づけ

　国家経済の規模を測る指標として国内総生産（GDP：Gross Domestic Product）がある。また、国家経済に占める建設産業の位置づけを知る指標には、建設投資額の大きさとそれがGDPに占める割合（対GDP比：建設投資／GDP）が重要である。

　わが国の国内総生産（GDP）は、図1.4に示すように、これまでは毎年順調に拡大を続け、アメリカに次ぐ世界第2位の経済力を40年間維持しており、平成8年（1996）には500兆円を突破するに至っている。

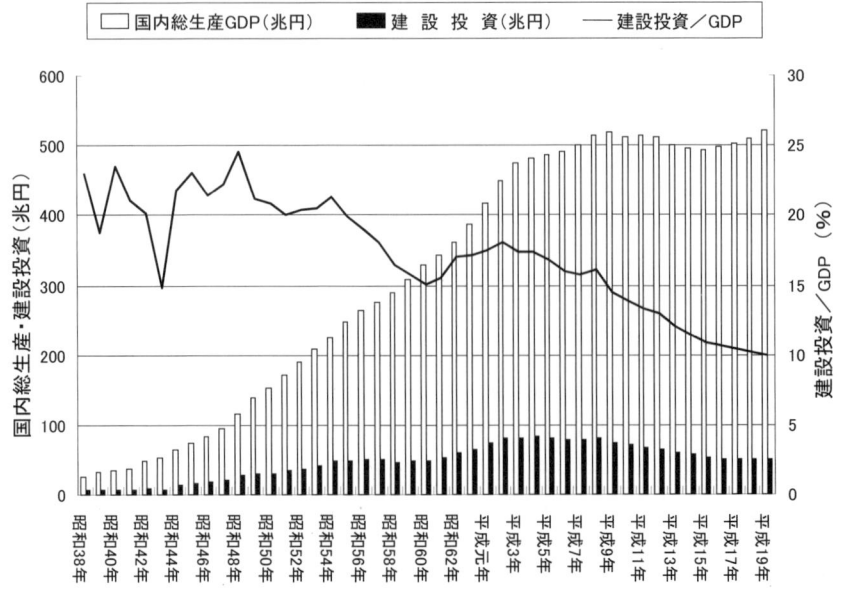

図1.4　国内総生産（名目GDP）に占める建設投資の割合

その後 10 年間はバブル崩壊による景気低迷の影響を受け 500 兆円の規模を多少上下したものの、平成 18 年(2006)には 510 兆円、そして翌年の平成 19 年には、522 兆円の過去最高の国内総生産(GDP)を記録している。

建設投資額も国内総生産(GDP)の伸びに比例して毎年拡大を続け、平成 4 年(1992)には過去最高の 84 兆円の建設投資を達成した。

しかし、建設投資額はその後次第に縮小し、平成 18 年(2006)、平成 19 年(2007)ともピーク時の 6 割近い 52 兆円までに低下している。

表 1.1 わが国の国内総生産と建設投資の推移

(単位：兆円)

	平成 2 年 (1990)	平成 4 年 (1992)	平成 6 年 (1994)	平成 8 年 (1996)	平成 10 年 (1998)
名目 GDP	450.0	483.8	487.0	508.4	503.3
建設投資額	81.4	84.0	78.8	82.8	71.4
対 GDP 比	18.1%	17.4%	16.2%	16.3%	14.2%

	平成 12 年 (2000)	平成 14 年 (2002)	平成 16 年 (2004)	平成 18 年 (2006)	平成 19 年 (2007)
名目 GDP	504.1	489.9	498.3	510.4	521.9
建設投資額	66.2	56.8	52.8	52.3	52.3
対 GDP 比	13.1%	11.6%	10.6%	10.2%	10.0%

これを国内総生産(GDP)に占める建設投資の割合(対 GDP 比)でみると、平成 8 年までの高度経済成長期までは常に 15％以上で推移しており、ことに昭和 40 年から昭和 47 年にかけての列島改造ブーム時代には、20％から 25％近い大きな建設投資が行われてきた。

しかし、平成 2 年(1990)の 18.1％を境に、平成 6 年(1994)は 16.2％、平成 10 年(1998)は 14.2％、平成 14 年(2002)は 11.6％、平成 18 年(2006)には 10.2％と年々減少しており、今後もこの傾向が続いていくものと思われる。

表 1.2 に、平成 16 年(2004)の世界主要国の GDP と建設投資額を示す。これによれば、第 1 位は米国(GDP1,269 兆円、対 GDP 比 8.8％)、第 2 位は日本(GDP498 兆円、対 GDP 比 10.6％)、以下ドイツ(GDP296 兆円、対 GDP 比 4.5％)、イギリス(GDP230 兆円、対 GDP 比 5.2％)、フランス(GDP221 兆円、対 GDP 比 5.2％)の順で、わが国は GDP だけでなく建設投資においてもアメリカに次ぐ世界第 2 位の規模を有している。

表1.2 世界主要国の国内総生産と建設投資額

(単位：兆円)

	アメリカ	日本	ドイツ	イギリス	フランス
名目 GDP	1269.4	498.3	296.6	230.3	221.5
建設投資額	111.2	52.8	13.4	12.0	11.5
対 GDP 比	8.8%	10.6%	4.5%	5.2%	5.2%

(平成16年(2004)、総務省、日本銀行)

なお、**表1.3**と**図1.5**に、国内総生産(名目 GDP)の世界ベストテンを示した。

表1.3 国内総生産の世界ランキング

(単位：兆 US ドル)

ランク	1位	2位	3位	4位	5位
国名	アメリカ	日本	中国	ドイツ	イギリス
名目 GDP	13.8438	4.3838	3.3508	3.3222	2.7726

ランク	6位	7位	8位	9位	10位
国名	フランス	イタリア	スペイン	カナダ	ブラジル
名目 GDP	2.5603	2.1047	1.4390	1.4321	1.3136

(平成19年(2007)、世界銀行)

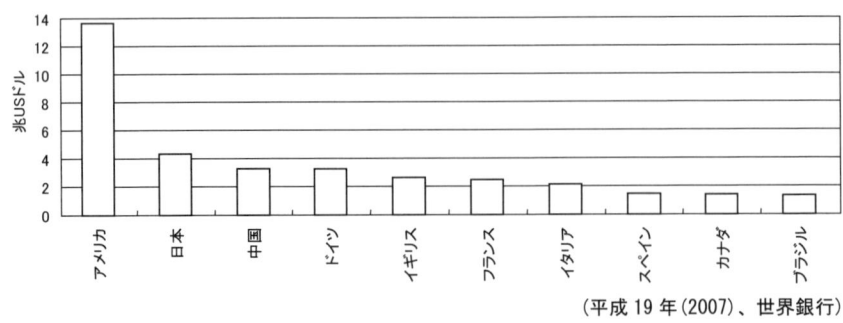

(平成19年(2007)、世界銀行)

図1.5 国内総生産(名目 GDP)の世界ランキング

1.3.2　社会資本の現状と諸外国との対比

　わが国の経済的繁栄と国民生活の確保のためには、今後とも引き続き社会資本の充実は欠くことができず、国際競争力確保のためには、その量と質が他国に遜色のないことが必要である。

　図 1.6 に、世界主要国における高速道路の延長を人口と自動車の保有台数で比較した指標を示す。これによれば、わが国は欧米主要国と比較して両指標とも大幅に下回っており、韓国と比較しても人口当たりの延長は同程度であるものの、自動車保有台数当たりの延長はほぼ半分程度の距離しかないのが現状である。

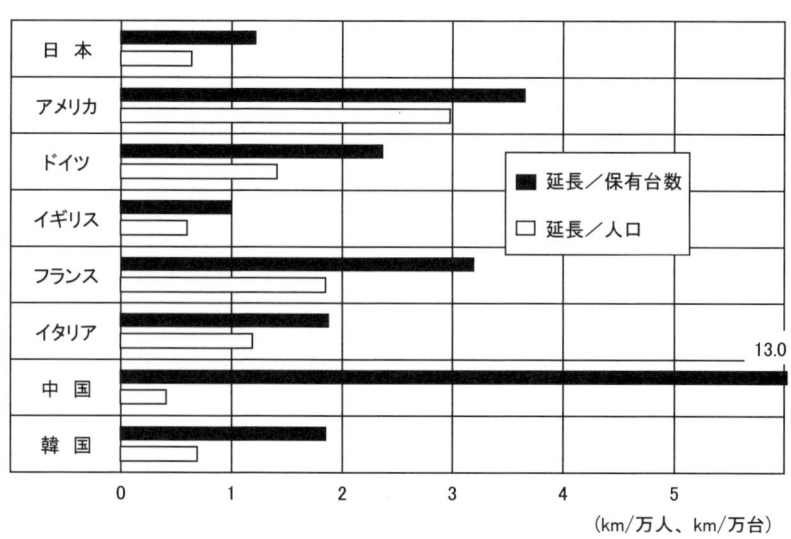

図 1.6　主要国の高速道路延長 [2]

　また、**表 1.4** には港湾設備のコンテナ取扱量の比較を示した。

　これによれば、1980 年に比べ 2005 年においては、特定重要港である東京、横浜、神戸の各港の取扱量は順位を下げており、これに対してシンガポール、香港、中国、韓国は大きく躍進していることがうかがえる。

　国際空港についても同様なことがいえ、わが国の国際競争力維持のためには、今後とも社会資本の充実は必要である。

表1.4 世界の港湾の取扱量の変化

1980年			2005年		
順位	港名	取扱量（千TEU）	順位	港名	取扱量（千TEU）
1	ニューヨーク	1,947	1	シンガポール	23,192
2	ロッテルダム	1,901	2	香港	22,427
3	香港	1,465	3	上海	18,084
4	神戸	1,456	4	深セン	16,197
5	高尾	979	5	釜山	11,843
6	シンガポール	917	6	高尾	9,471
7	サンファン	852	7	ロッテルダム	9,300
8	ロングビーチ	825	8	ハンブログ	8,088
9	ハンブルグ	783	9	ドバイ	7,619
10	オークランド	782	10	ロサンゼルス	7,485
12	横浜	722	22	東京	3,593
16	釜山	634	27	横浜	2,873
18	東京	632	39	神戸	2,262

(出典：containerisation international yearbook)[8]

1.3.3 建設産業の構造的特徴
(1) 重要な基幹産業

建設産業は、GDPの約1割を占める建設投資を担い、全産業就業人口の1割近くを抱える重要な基幹産業で、わが国の経済の活力を維持しつつ、国民が真に豊かさを実感できる社会を実現する役割を担っている。

21世紀を迎えた今日、少子高齢化社会、循環型社会への移行、地球環境問題の解決に向けた取組みにおいて、今後とも、建設産業が果たすべき役割は大きい。

(2) 単品・受注・野外生産

建設産業は、単品受注生産で一般の製造業のように生産した製品を在庫することができない。しかも屋外生産のため天候に左右される面が大きく、生産現場の条件も厳しい等、他の産業にみられない特徴がある。

さらに、建設業は工事の都度異なる生産現場において、工程に合わせて労働者、機械、資材等の生産手段を異なる組合せで調達しながら生産を行っていかなければならない。

(3) 重層構造と低い生産性

建設産業の構造的特徴として、重層構造と低い生産性を挙げることができる。建設生産は、各プロジェクトの内容に対応して数多くの専門的な担い手の参画が必要になる。

近年の建設生産の高度化、複雑化等により、設計・施工のそれぞれの局面において専門化・分業化・重層化が進行してきている。厳しい経営環境下で、労務外注やいわゆる一人親方が増加しているとみられ、このことも重層下請構造の進行の要因となっている。

労働生産性については、相対的に低い水準にある。マクロ的な要因としては、建設投資の急激な減少によるところが大きい。また、ミクロ的には、屋外・単品・受注生産という生産特性や重層下請構造という産業特性を背景として、企業数が多いこと等による不必要な間接経費、手戻り・手待ちの発生等、企業レベル、現場レベルの非効率性が存在していることが挙げられる。

(4) 脆弱な中小零細企業

建設業者数は平成18年には、平成11年ピーク時の60万社から52万社になった。このうち、資本金1億円を超える会社は6,170社（全体の1.2%）と非常に少なく、経営基盤が脆弱な中小零細企業が圧倒的多数を占めている。

これらの企業は、指導や保護がなくなれば無秩序な過当競争に走り、公共工事の遅れや工事の放棄、業者の倒産など建設産業全体を混乱に落とし入れる可能性を有している。

このため、経営基盤を安定させるための努力はもちろんのこと、発注者による予定価格の適切な決定がなされなければならない。

(5) 建設労働の高齢化と若年労働者の減少

建設業の就業者は、平成18年には平成9年の685万人から559万人とピーク時より100万人減少した。他産業に比べて若年労働者の入職者の減少が進んでおり、50才以上の就業者が4割を占めるなど、急速に高齢化が進展している。

また、団塊の世代の大量退職期を迎え、人材確保が厳しい状況に置かれており、労働条件の改善等により、若年労働者を確保することが急務となっている。このようなことから今後の建設業においては、良質な労働力、特に若年労働力の確保を図っていかねばならない。そのためには賃金水準の向上、労働時間の短縮、安全性の確保などの労働条件の改善を図るとともに、労働生産性を高めることが急務である。

労働時間の短縮と関係して週休2日制の導入の比率をさらに高めるために必要な環境条件として、受注者側からは、適切な工期、工事価格、賃金の確保が求められている。

1.4　国家レベルでの公共事業の実施計画の推移

(1)　全国総合開発計画

昭和25年(1950)に国土総合開発法が制定され、昭和37年(1962)に全国総合開発計画が策定された。この計画は、昭和32年(1957)に制定された長期経済計画とならんで社会資本整備の方向性を与えることを目的に、長期的スパンのもとで国土構造を構築し、地域開発の課題に対処すべく基本的方向を示したものである。

この計画において経済規模の想定を行うとともに、公共投資のマクロ的経済フレームが示され計数的枠組みが明らかにされた。

(2)　公共事業長期計画

公共事業長期計画は全国総合開発計画で示された国土計画を基本に、5カ年計画で、16部門(治山、治水、海岸、港湾、漁港、漁場整備、道路、特定交通安全施設、空港、下水道、廃棄物処理施設、土地改良、都市公園、森林整備、急傾斜地崩壊対策、住宅建設)の整備目標と事業量が定められた。

この計画は、平成3年度以降の計画規模として当初は10年間で総額430兆円であったが、米クリントン政権による内需拡大の要求を受け、平成7年度から10年間で総額630兆円の規模に大幅拡大された。

しかし、平成9年の橋本内閣による財政構造改革で、総額は変えないまま期間を10年間から平成19年度までの13年間に延長することとし、各年度の事業規模を減らす措置が取られた。

(3)　社会資本整備重点計画

公共事業長期計画は事業分野別計画であるため、各分野の事業量確保のため必要性の低い投資まで行われがちであることが指摘されていた。そのため、異分野間との整合性を図る必要があるとの判断から、平成15年に社会資本整備重点計画法が制定された。

この法律により、9部門の事業分野(治水、海岸、港湾、道路、交通安全施設、空港、下水道、都市公園、急傾斜地)を一本化し、事業連携の強化、事業評価の

実施と公表、コスト縮減、住民参加、PFIなどの民間資金と能力の活用、地方分権の向上を目指すことになった。

この計画は平成19年度で終了するが、今後は次に述べる「国土形成計画」と併せて機能するよう準備されている。

(4) 国土形成計画

平成17年度の第162国会において、これまでの国土総合開発が抜本的に改正され、新たに国土形成計画が策定されることになった。

先に述べた国土総合開発計画は、開発を基調とする量的拡大を志向した計画であったが、国土形成計画では、地方分権や国内外の連携に的確に対応しつつ国土の質的向上と、国民生活の安全、安心、安定の実現を目指す成熟社会にふさわしい、国土のビジョンを提示できるよう抜本的に見直されている。

新たに策定される国土形成計画のポイントは次の通りである。

① 量的拡大を図る開発を基調とした国土計画から、国土の質的向上を図るため、計画対象事項を見直し、国土の利用、整備、保全に関する施策を総合的に推進する。

② 策定プロセスにおける多様な主体の参画を図るため、地方からの計画提案制度や国民の意見を反映させる仕組みを設定する。

③ 全国計画の他に、ブロック単位ごとに国と都道府県が適切な役割分担のもと、相互に連携・協力して広域地方計画を創設し、地域の自立性の尊重と国と地方公共団体のパートナーシップの実現を図る。

第2章　建設プロジェクト

2.1　建設プロジェクト

　われわれは、プロジェクト(Project)という言葉をよく耳にする。例えば、社内では業務改善プロジェクトチームを作った、大学の研究室では超電導プロジェクトの研究を行っている、政府は東京国際空港の再拡張プロジェクトを本格化させた、新東京タワー建設プロジェクトは2011年度の完成を目指している、というように「プロジェクト」という言葉は一般的に使用され幅広い意味に使われている。

　プロジェクトとは、「計画、企画、特に多くの費用・人員・設備を必要とする大規模な計画事業」と英和辞典にある。ここでは「資金、人材、資材、設備等を目的に応じて組み立て目的のために投入し、定められた期間に目標とする事業を行うこと」と定義し、建設事業に関わるものを建設プロジェクトと表現する。

　本章では建設プロジェクト、特に土木事業からみたプロジェクトについて、建設プロジェクトとはどのようなものか、またプロジェクトの展開、実施形態はどのようになっているのかを中心に述べる。

　一般に建設プロジェクトといわれているものは、鉄道・道路・空港・港湾・上下水道・治山治水・電力・農林水産・住宅・リゾート施設等、いわゆる、社会的共通資本(生産基盤・生活基盤)の建設に深く関与しているものである。

　これらは、われわれが通常目にする道路改修、公園整備等のようなものから国家的プロジェクトといわれるような大規模なものも含んでおり、その範囲は広い。

　建設プロジェクトによって生み出されたものは、過去から現在、そして将来にわたって、人間社会、生活環境に大きな関わりを持っている。また、社会の進歩とともに、建設プロジェクトの要求度・必要性はますます増大してくる。

　このように、われわれにとって非常に広い範囲で関係を持っている建設プロジェクトについて、この節では、それらの特徴、プロジェクトの実施にあたってのマネジメントとプロジェクト評価について説明する。

2.1.1 建設プロジェクトの特徴

　建設プロジェクトは社会的共通資本に深く関わるものであり、プロジェクトの遂行範囲も非常に広い。また、その性格上、他業種のプロジェクトとは異なった大きな特徴を持っている。

　建設プロジェクトの特徴としては、

① 特定された場所で、特定の条件の下に造られるものである。同じ物が、同じ場所に、同じ条件で造られることがなく、現地生産、一品生産という性格が強い。

② 現地生産が主体となるため、地域社会や周辺環境への影響が大きく、自然や周辺環境条件等との整合性や調和を考慮する必要がある。

③ 自然条件(地形、地質、気象、水文等)からの制約や影響を受ける。

④ 工業技術により生み出された工場製品とは異なり、地域特性・自然環境を取り入れた、総合的な工業技術の組合せによって生まれる築造物ということができる。

⑤ 地域への経済的波及効果が大である。

　このように、建設プロジェクトは、自然環境・地域社会・経済活動等と深い関わりを持っており、これらを総合的に調和させながらプロジェクトの遂行を図らなければならない。

　プロジェクトを成功に導くためには、広い分野にわたる知識、技術を結集し運用する必要がある。

　見方を変えれば、建設プロジェクトは、人間が使う自然条件・生活条件・経済条件を作り変えるものである。プロジェクト実施の合理性とともに、その地域における特性を考慮しながらプロジェクトの展開を図ることが重要である。

　特に大型建設プロジェクトでは、そのプロジェクトが目的とする直接効果、例えば、空港建設プロジェクトでいえば航空輸送の拡充という効果のみならず、空港へのアクセスとしての交通機関の整備、周辺環境の再構築、維持管理のための組織の集中、空港を利用しての生産拠点の整備等、付加プロジェクトの発生を促す。

　当初のプロジェクトと合わせて、流通機能の向上、生産活動・商業活動の増大、雇用の拡大、所得の確保といった経済的波及効果をもたらし、社会に与える経済的影響も大きい。同時に、この地域における自然環境、生活環境に与える影響も大きいことから、これらを配慮した計画が必要となる。

2.1.2 プロジェクトマネジメント

建設プロジェクトには、他業種のプロジェクトと比べると多くの特徴がある。プロジェクトの遂行には、これらの特徴を十分考慮した企画・設計・施工が必要である。しかし、企画から完成に至る過程において、時間経過と共に起こる周辺環境・社会・経済環境等の変化、また、当初設定した設計条件など諸条件が適合しなくなる場合も多く発生する。

このため、プロジェクトの実施に際しては、諸条件の変化に最も適合した変更対応を行い、プロジェクトを完成へと導く必要がある。

プロジェクトの完成・運用という最終目的を達成するためには、各時点・各プロセスで発生する諸条件の変化を的確に把握し、調整・対応のための諸施策を実施するマネジメント(経営管理活動)が必要となる。

プロジェクトマネジメントとは、企画から実施に移されたプロジェクトに対して行うこれらの活動のすべてをいう。

表2.1 マネジメントの管理手法

管理手法	目的	手段
VE (Value-Engineering)	製品やシステムの目的する機能とコストを比較し、機能を維持、向上させながらコストの低減を図る。 (価値の向上)	機能分析 コスト分析 代替提案
QC (Quality-Control)	品質の安定を図るために、製品精度、製造過程の現状分析から不良要因を取り除く。 (品質の改善)	統計的手法 特性要因図 管理図表
TQC (Total-Quality -Control)	QCをさらに発展させたもので、品質の安定向上のために、工程、設備、組織の改善を図る。 (品質向上、システム改善)	統計的手法 特性要因図 管理図表
IE (Industrial -Engineering)	作業方法や工程を時間との関係から分析し、作業方法や工程を改善、能率向上を図る。 (ロスの排除、能率向上)	作業・工程・ 分析・時間・ 稼働・動作
ISO (International -Organization-for -standardization)	国際標準化機構により認証された品質や環境に関わるマネジメントシステムに基づき管理することにより、顧客規格要求事項に適う品質管理、環境保全管理を行う。 (品質・環境の確保と向上)	品質マネジメントシステム、 環境マネジメントシステム
SE (Systems -Engineering)	大規模事業を最も効率良く達成するために可能な方法、技術を最適に組み合わせ、効果を最大に引き出しリスクを最小にする。 (トータル的な技術運用)	専門技術管理 技術の総合的 組織化

一般的にマネジメントの基本要素としては、計画・組織・人事・指揮・管理の5つが挙げられている。これらはマネジメントの5要素といわれている。

建設プロジェクトのマネジメント活動においても、この基本5要素の組立てが重要である。対象プロジェクトに対し、最も効率的な組立てを行い、最大の成果を上げられるようにしなければならない。

マネジメントを効率良く実施するために、生産性の向上、品質の安定、安全性の確保、環境保全、コストの低減、組織の合理化等の管理技術が開発されてきた。これらの管理技術の組合せと適用範囲の拡大により、より合理的にマネジメントを遂行する手段としていろいろな管理技術が活用されている。

管理技術の具体的な内容については後章で詳述するが、一例として、**表 2.1**に示すような管理技術を示す。

2.1.3　プロジェクトの評価と方法

プロジェクトの実施にあたっては、まず、そのプロジェクトが実施に値するか否かを判断する必要がある。これをプロジェクト評価といい、プロジェクトを実施することにより新たに生じる種々の効果(正の効果も負の効果もある)を、費用と便益、投資と利益で比較評価するものである。

評価にとって重要なことは、プロジェクトの実施によって生みだされる多様な効果を、できる限り正確に抽出し公正に判定することである。プロジェクトの社会的価値の判断主体は、プロジェクトの利用者と供給者である。

効果には、プロジェクト遂行途中で発生する効果(投資効果または事業効果)もあり、プロジェクト完成後の運営(供用)によって生まれる効果(施設効果)もある。これらの効果を総合的に評価しなければならない。

しかし、事業者の立場によって評価基準が異なってくる。公共プロジェクトにおける公共投資としての立場では、社会資本の充実、生活環境の向上を目的とし、国民福祉の増進、公平性といった社会的立場からの評価が重要である。時には、経済活動への波及効果も加味しながらの評価が行われる。

一方、民間プロジェクトの立場では、適正な利潤確保が投資対象となり、経済的妥当性、財務的健全性が判断基準の主体となる。

さて、プロジェクトの評価方法には、経済評価と財務評価がある。

経済評価は、実施するプロジェクトに対して、国家、または、地域全体を対象として捉えた経済的観点から、プロジェクトの真の価値判断を行おうとするものである。そのプロジェクトがもたらす社会的利益の効果も評価要素として取り入

れたものであり、このための手法としては費用便益分析(Cost Benefit Analysis)がある。

財務評価は、プロジェクトの事業主体にとって、そのプロジェクトを遂行した場合の投資とそれに伴う収益、資金の調達と運用、資産価値などを判断するものである。

対象プロジェクトに対して投資することへの妥当性をはじめ、供用後の管理、運営面を含めたプロジェクトの安全・収益性を判断するために採算性の評価(財務分析)が行われる。

これらの評価結果をもとにプロジェクトの妥当性が判定される。

2.2 建設プロジェクトの展開

建設プロジェクトの展開においては、プロジェクトの企画から決定(プロジェクトの評価)、実施計画から完成・運用(プロジェクトの実施)に至るまでにはひとつの流れがある。**図 2.1**に、主に事業者(発注者)側からみた建設プロジェクトの基本的な展開例を示す。

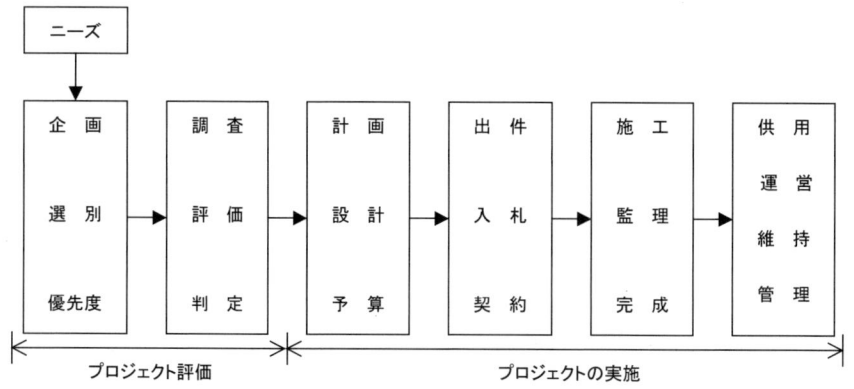

図 2.1　建設プロジェクトの展開

2.2.1 建設プロジェクトのステップ

ここで、各々のステップについて説明を加える。

(1) 企画・選別・優先度

社会の種々のニーズにより、多くのプロジェクトが企画・提案される。このニーズには現在の不備を満たすためのもの、将来的な要求度に対応するためのもの、新しく需要を創造するためのものなど、その動機は千差万別である。

動機はどうであれ、次の段階として、企画・提案されたプロジェクトは必要度に応じて、各々のプロジェクトの整合性・企画の合理性等が比較検討される。さらに、選別された企画の中で必要度・優先度が検討され、この結果をもとに取り上げるべきプロジェクトの優先順位が決定される。

(2) 調査・評価・判定

前段階で決定されたプロジェクトは、実施に値するか否かを評価・判定する必要がある。このための調査活動フィジビリティ調査という。

この調査は、プロジェクトとの適合性、優先度の正当性、技術的検討、代替案の検討、コスト算定、社会的反応、周辺環境への影響、経済的評価、財務的評価などに関して行われる。

この調査結果に基づきプロジェクトの妥当性の判定を行う。

(3) 実施計画・設計・予算

実施が決定されたプロジェクトに対しては、どのような展開で目的物を完成させ、運用まで持っていくかの具体的な実行策が策定される。これが実施計画である。実施計画には、資金計画、遂行組織、運営工程、建設計画、完成物の運用計画などが織り込まれる。

実施に移されたプロジェクトは、フィジビリティ調査における技術的検討を踏まえて、建設のため設計業務に移行する。ここでは、できるだけ最新のデータや、各種技術調査資料の活用が必要である。

設計業務の進展に伴い、地域へのコンセンサスの確認、関連諸機関との協議、申請、用地取得、さらには建設費の積算を行いプロジェクト実施のための予算確定へと進む。

(4) 出件・入札・契約

予算措置、用地取得、入札図書(設計図面・工事数量・工事仕様書・契約図書など)等が具備されると発注のための準備が完了する。

次のステップとしては施工者の選定作業となる。施工者の選定は、プロジェクト遂行上の重要事項であり、施工能力・技術力とも優秀な施工者を選定しなけれ

ばならない。

　施工者選定の方法に入札制度がある。入札により選定された施工者と事業者との間で建設工事請負契約の締結が行われた後、初めて施工開始となる。

　契約の形態は、一般競争契約、指名競争契約、随意契約の3種類が主のものであるが、最近では多様な入札、契約形態も試行されてきている。

(5)　施工・監理・完成

　施工にあたっては、事業者(監理者)・施工者とも、標準契約約款に記述されている契約図書の内容を十分理解し、目的物を完成させるために両者協力して誠実に業務を遂行することが基本である。

　施工者は、自己の保有する施工能力・技術力および工事運営能力を最大限に発揮し、工事目的物を完成させるべく最善の努力をしなければならない。

　自ら立てた施工計画をもとに施工体制を整え、事業者(監理者)と協力し工事を進める。工期短縮努力、技術的検討、現況に適合した設計変更・工法変更提案も施工者の業務として取り扱う必要がある。

　工事監理者は、施工計画書、施工方法、施工図面のチェック・承認、施工検査、使用資機材検査等を通じて、品質管理、工程管理、出来高および完工の査定を行う。設計変更・追加工事等に対しても敏速な措置を講じなければならない。

　工期内に、契約図書に合致した工事目的物を完成させ、関係機関(事業者・諸官庁他)の竣工検査に合格してはじめて工事完了となる。そして事業者に完成工事目的物を引き渡し供用に託される。

　施工者は、工事目的物を完成させ事業者に引き渡し供用させた後も、請負契約により一定期間は補償責任が課せられている。完成物に施工者の責任による不備が認められた場合(瑕疵責任)は、必要な措置(手直し、損害賠償等)を取ることとなっている。

(6)　供用・運営・維持管理

　事業者は完成したプロジェクトの所有者であり、自らの責任において運営・管理を行う。所有者は、供用に託されたものが目的に合った機能を維持し、長期の使用に耐えられるように管理しなければならない。

　供用されたものが最も健全な状態を保つための活動・措置を維持管理という。多種多様な建設プロジェクトにおいても、以上説明してきた各プロセスを踏んで企画から完成・運用へと導かれる。

2.3　建設プロジェクトの参画者

　建設プロジェクトの参画者として主要な役割を担うのは、プロジェクトの執行を決定した事業者(発注者)、事業者からの依頼により技術的業務(調査・設計・監理等)を受け持つコンサルタント、施工部門を担当する施工者の 3 者が主体である。

　建設プロジェクトは、企画から完成までには一連の流れ、段階があり、参画者は、それぞれの立場で、各段階における役割を遂行しながらプロジェクトの完成に向かって協力し、責任を果たしていくことになる。

　参画者が担当する役割範囲は、採用するプロジェクトの運営方式によって変化する。同じ運営方式の場合でも、それぞれの役割範囲がどのプロジェクトに対しても同じとは限らず、役割の範囲はプロジェクトごとに結ぶ契約内容によって規定される。

　ここでは、それぞれの立場における一般的な役割について、3 者方式(2.4.2 項で述べる)を例にとり業務内容について述べることとする。

(1)　事業者(発注者)

　事業者はプロジェクトの起業者であり、多くの場合、プロジェクト完成後はその所有者となって管理・運営にあたる。

　事業者はプロジェクトの遂行に先立ち、必要な予算措置(資金調達)、用地取得、地域へのコンセンサス、法的プロセスに基づく許認可、プロジェクトの運営方式、完成時期等、プロジェクト展開の基本条件の措置と決定を行う。プロジェクトの遂行途中においては、全体監理業務が主業務となる。

　事業者には、国・地方公共団体・民間企業(旧公団公社など、第 3 セクター、PFI 事業者を含む)その他の法人・個人等がある。

　第 3 セクターは、開発事業等の事業者として公的資本の他に民間資本も導入して組織した特殊会社であり、民活法(民間事業者の能力の活用による特定施設の整備の促進に関する臨時措置法：平成 18 年 5 月廃止)によって設立され、関西国際空港、東京臨海副都心開発事業、東京湾横断道路等の国家的大規模プロジェクトの遂行にも活用された。

　PFI 事業者は、公共施設の建設と提供、運営、管理を民間自らが資金を調達して実施する事業体で、平成 11 年に成立した PFI 推進法により設立され、現在までに羽田空港旅客ターミナルビルなど 300 件以上の事業が稼働しており、年間 40 件以上の事業が計画されている。

(2) コンサルタント

コンサルタントは事業者から依頼された範囲において、プロジェクトの企画・調査・設計・監理等の技術的業務を担当する。主な業務内容は、予備調査、プロジェクトの妥当性と経済性の評価、設計図書の作成、工事計画、施工監理、工事費査定等であり、時には、事業者を代行して事業者の担当範囲の業務をも行う場合がある。

コンサルタントは事業者と施工者の間に立ち、中立的・公正な立場を保持することが必要である。外国におけるコンサルタントの業務の内容は、幅広い範囲での役割を担う場合が多い。

日本においては、特に土木事業における公的プロジェクトの場合、調査・設計業務だけを代行してきた場合も少なくなかった。しかし、民間プロジェクトにおいては、事業者の役割を代行して広い範囲の業務を担当している場合もある。

(3) 施工者

施工者は施工部門を担当して、事業者との契約に基づき工事対象物を完成させる。事業者と請負契約を締結した施工者(元請)は、施工計画・資金計画・資機材調達計画の作成・実行、関係協力業者(専門工事業者)の編成・運用、施工管理(原価・工程・品質・安全等)、技術検討(設計・工法)、関係機関(事業者・諸官庁・地元関係者等)との折衝・調整など、工事着工から完成までの総合的な管理・運営が主な業務となる。

2.4 建設プロジェクトの運営方式

建設プロジェクトの運営方式には種々のものがある。プロジェクトの遂行体制で運営方式を分けると「直営方式」と「請負方式」に大別される。どのような運営方式を採用してプロジェクトを遂行するかは、事業者が選択する。

事業者は、自分が保有している組織・技術陣・能力からみて、最も効率的な運営方式を選び参画者と契約する。プロジェクトに最も合致した方式を採用することが、プロジェクトの展開をスムーズに行う上で重要である。

プロジェクトの参画者および一般的な業務内容については、プロジェクトの運営方式によって、その果たす役割の範囲が大きく異なってくる。

同じ運営方式でも、プロジェクトの種類やプロジェクトの遂行過程上での変動によって、その役割の範囲が変化する。各方式について、各参画者の役割が画一

的に定められているものではなく、各者の役割範囲は、事業者(発注者)との請負契約の内容によって規定されることは前述した通りである。

以下に各運営方式について説明する。

2.4.1 直営方式

直営方式は、事業者が自ら保有する組織体制の下で企画、計画、設計はもとより、工事もすべて自前で行う方式をいう。かつて、わが国の公共事業で広く行われてきた方式である。

この方式は、定常的な維持管理作業や継続的な小規模事業に対して有利であるが、大規模工事に対しては、それに必要な機械設備、技術陣を常時抱えておくことは得策でなく、請負方式による外注方式が経済的、技術的にも利点が多い。

2.4.2 請負方式

請負方式は、契約の範囲により、3者方式、工事請負方式、DB方式(Design Build)、Turn Key方式、CM方式(Construction Management)、第3セクター方式、PFI方式(Private Finance Initiative)などがある。

このうち第3セクター方式、PFI方式は、公共施設の建設と提供、運営を民間へ委譲する方式をいう。

以下に、各方式の特徴について説明する。

(1) 3者方式

3者方式とは、図2.2に示すように、事業者・コンサルタント・施工者(元請)の3者が主たる参画者としてプロジェクトを展開させていく方式である。

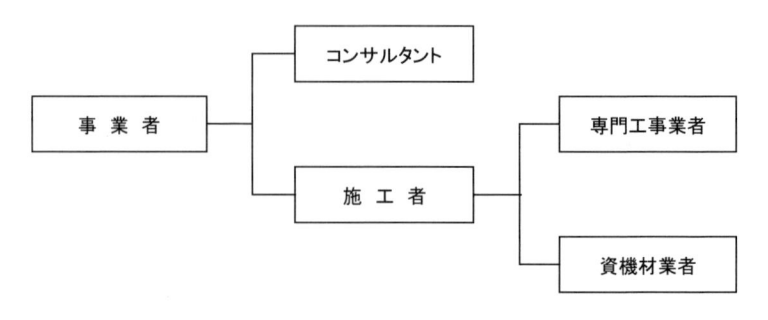

図2.2　3者方式（例）

事業者は、プロジェクトの企画から総合監理、運営、維持管理までを担い、コンサルタントには調査、設計、監理を、施工者には工事施工をそれぞれ請け負わせる方式である。

この方式は欧米で発達してきた方式であり、海外のプロジェクトでは広く採用されている。プロジェクトの大小に関係なく採用でき、適用範囲が広いとされている。

この方式の利点としては、

① コンサルタントは、利害に関係なく独立性を保持することを原則として、中立的立場で事業者、施工者の調整役となれる。
② 設計が完了してから工事の発注が行われるため、予算・契約範囲・工期等の推計が正しくできる。
③ 参画者の役割が明確化されている。

等が挙げられる。

欠点としては、工事内容や基本仕様が事前に確定しているプロジェクトでないと適用し難く、緊急のプロジェクトには不向きである。

(2) 工事請負方式

工事請負方式とは、**図2.3**に示すように、事業者と施工者の2者が主たる参画者としてプロジェクトを展開していく方式である。この方式は、3者方式と異なり、事業者がプロジェクトの企画、調査、設計、工事監理、運営などを自ら保有する技術陣体制(コンサルタントを含む場合もある)で対応し、施工者(元請)には工事施工のみを発注する方式をいう。

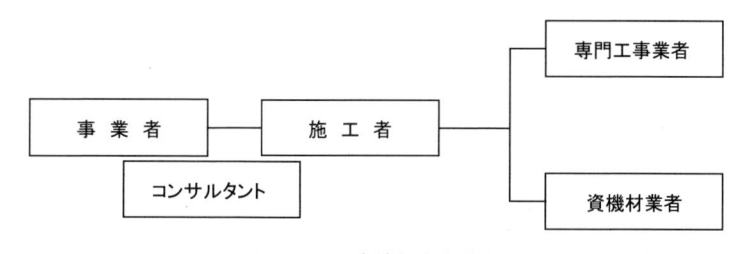

図2.3 工事請負方式(例)

この方式においては、コンサルタントは調査・設計などの業務に事業者の補助的立場から参画する。この方式は、わが国における公共事業において、一般に採用されている方式である。

この方式の利点は、
① 事業者のスタッフが業務の中心となるため、目的を明確に展開できる。
② 事業者が実務の主体者として活動するので、プロジェクト遂行に伴う諸問題に対して、柔軟な対応が可能である。
③ 同種プロジェクトを継続的に遂行する事業者は、有効に組織が活用できる。
等が挙げられる。

(3) DB方式（設計施工方式 Design Build 方式）

　この方式は、これまで公共工事では、設計施工分離の原則により採用されることがなかった。しかし近年は、ゼネコンといわれる総合建設会社は施工部門に加え、設計部門・技術開発部門においても高い技術力を持ち、高度な総合力（企画・技術・設計・施工・管理）を保有している。

　このようなことから、事業者は施工者が持っている総合的エンジニアリング能力を活用する場合が増え、施工者が設計から施工までを一括して請け負う方式が採用されるようになった。

　この方式を設計施工方式といい、プロジェクトの主たる参画者は、**図2.4**に示すように事業者と施工者の2者である。この場合、施工者側の体制としては、設計と施工を同一の企業が行うケースや設計者と施工者がジョイント・ベンチャー（JV）を組む方式などが考えられる。

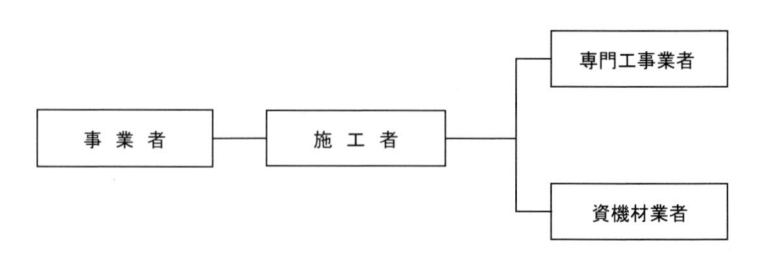

図 2.4　設計施工方式（例）

この方式の利点としては、次のようなことが挙げられる。
① 施工者が設計するので、自分達の最新施工技術やノウハウを組み入れた設計ができる。
② 設計・施工を同一者が行うので、大幅な設計変更が少ない。
③ 設計変更の必要性が発生した場合、現況に即した機動的な対応が可能である。

④ 設計と施工との一貫性があり、施工の効率化が図れる。

(4) Turn Key 方式（ターン・キー方式）

　ターン・キー方式とは、プロジェクトの設計から施工・試運転までの一式をエンジニアリング会社と契約する方式で、別名、パッケージ契約ともいう。契約終了時に請負者から渡された鍵(Key)を、事業者が回す(Turn)だけで施設の事業を開始できる、という意味からこの名前が付けられている。

　エンジニアリング会社は電力や通信、化学、製鉄といった各種プラントや環境、衛生、都市、地域開発システムなど比較的大規模な設備を必要とするプロジェクトを対象に、フィジビリティ調査から設計、施工、試運転までを一貫して請け負うことを特徴とする会社で、石油、化学、機械、造船、鉄鋼などのメーカーのエンジニアリング部門を分社独立させてできたものである。これらの会社が取り扱う工事は海外のプロジェクトが多く、海上施設や化学プラントなどでは50％以上に達している。

　この方式は企画力、技術力、設計力を持っている会社にとっては、持てる力を十分に発揮できることから有利といえる。しかし、競争入札による場合、応札者は調査、企画、設計に多額の費用を要することからリスクも高くなる。

　一方、事業者側からみた場合、応札者独自の設計に基づく入札価格であるため、入札価格の詳細な比較審査は困難である。そのため、事業者の意図と施工者側の内容に落差が生じる場合があり、それを防ぐためには、基本仕様と基本設計、事業者の要望などを明確にしておく必要がある。

　図2.5にターン・キー方式の施工の流れを示す。

図 2.5　Turn Key 方式（例）

(5) CM 方式（Construction Management 方式）

　CM方式は1960年代末頃よりアメリカで発達した方式で、事業者は遂行しようとするプロジェクトをコンストラクション・マネージャー(CMR)という組織に

発注し、プロジェクトの企画から施工までの全般業務(企画・設計・調達・財務・工事管理)を統合監理させる方式である。

この方式では、3者方式や工事請負方式にみられた事業者・コンサルタント・施工者が各々の責任において行ってきた管理業務を、コンストラクション・マネージャーに統合監理させることにより、効率的にプロジェクトの遂行を図ろうとするものである。そのため元請の参画はない。

コンストラクション・マネージャー(CMR)とは、事業者からの委任の範囲で事業者の代理人として行動し、プロジェクトの企画から施工までの業務を統合監理する個人または組織をいう。

CM方式には、ピュア(Pure)方式とアットリスク(At Risk)方式がある。

ピュア方式は、**図2.6(1)**に示すように、事業者自らが専門工事業者や資機材業者と契約を結ぶ方式で、コンストラクション・マネージャーは、事業者の代理人として契約の範囲内でコンサルタントと専門工事会社に対して監理業務を実施することになる。この場合、コンストラクション・マネージャーは、契約の範囲内で事業者から一定のフィーを受け取る。

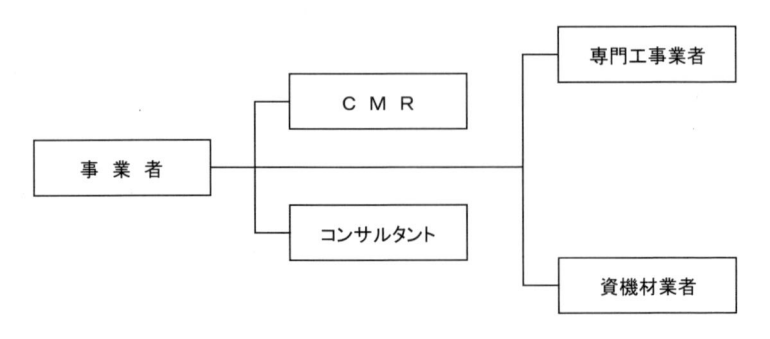

図 2.6(1)　ピュア CM 方式(例)

アットリスク方式は、**図 2.6(2)**に示すように、コンストラクション・マネージャーが事業者に代わり専門工事業者や資機材業者と契約を結び、工事費や工期など工事のすべてに対し責任とリスクを負う方式である。

この方式においては、工事金額の最大限度を保証する GMP(Guraranteed Maximum Price)契約により実施する。

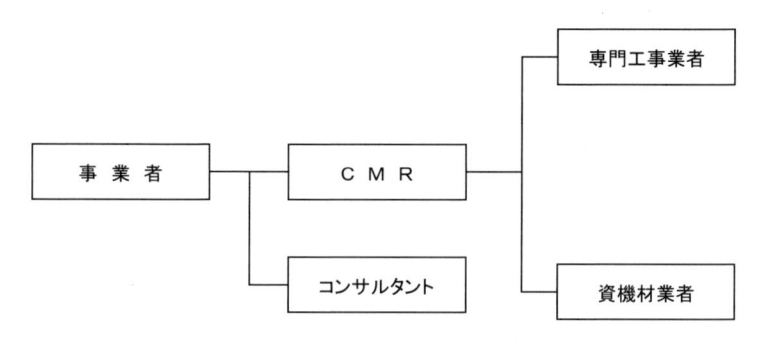

図 2.6(2)　アットリスク CM 方式（例）

CM 方式の利点としては、
① 基本設計、予備設計の段階からコンストラクション・マネージャーが参画するため、順次設計が完了した部分から段階的に工事を発注するファースト・トラッキング(段階施工)方式を採用することが可能となる。
② これにより、企画から完成までの工期短縮とプロジェクト完成品の運用を早めることにより、相対的にコスト低減が可能となる。
③ 事業者が専門工事業者や資機材業者と直接契約を結ぶことができるため、中間経費の削減や工事費の透明性を高めることが可能となり、結果としてコスト低減が可能となる。

(6) 第3セクター方式

　第3セクター方式は、官と民が強調して公共的性格の事業を実施するために考え出された方式であり、民間の資金と知恵を活用して公共事業を活性化しようというものである。
　昭和 61 年(1986)に「民間事業者の能力による特定施設の整備促進に関する臨時措置法(民活法)」が施行され、多くの第3セクターが設立された。
　第3セクター設立の目的は「官の信用を背景にして民間から資金を集め、民の経営ノウハウを活かして低コストで公共サービスを提供する」ことにあり、公的な役割を担うとともに、収益的にも自立した事業体とすることであった。
　また、公共事業では自立した運営が難しいと考えられる事業分野に、民間経営の効率性を導入して事業を成り立たせようと考えられた事業体である。民活法が廃止(平成 18 年)されるまで、この法律によって多くの施設が整備され地域経済

の活性化に貢献することができた。

図 2.7 に第 3 セクター方式(例)を示す。

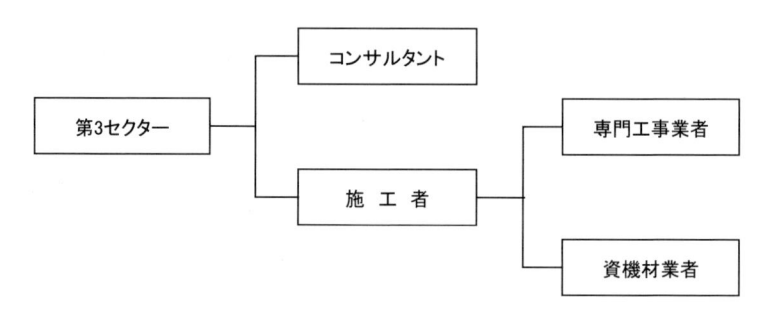

```
第3セクター ─┬─ コンサルタント
              │
              └─ 施 工 者 ─┬─ 専門工事業者
                            │
                            └─ 資機材業者
```

図 2.7　第 3 セクター方式(例)

(7)　PFI 方式 (Private Finance Initiative 方式)

PFI 方式は、財政再建策のひとつとして、英国のサッチャー政権が取り組んだ公共事業の実施方式で、社会資本の整備や公共サービスの提供を民間に委ねる方式の総称をいう。わが国においては、平成 11 年 (1999) に PFI 推進法が成立し本格導入された。

この方式は、公共事業に関わる資金調達から建設、管理、運営までの業務について、官側と民間の契約により各々の役割とリスクを定め、公共事業を実施する方式をいう。

これにより、PFI 事業者 (民間の事業者) は単なる請負事業者という立場ではなく、公共施設の企画から設計、建設、維持管理、運営に至るまで、プロジェクト全体の工程に関与する立場となる。

この方式は公共事業に民間資本と経営のノウハウを導入し、効率化によるコスト低減と事業費の削減という 2 大原則を実現しようとするものである。

PFI 方式が従来の第 3 セクターと異なる点については、第 3 セクターは民間活力の導入により地域活性化を目指す官民共同体であるが、公共体主導の色合いが濃く、民間企業は資金と人材を提供するに留まり、民間の経営ノウハウが活かされない傾向にあった。

これに対して PFI 方式は、企画立案と資金調達、財務責任を民間企業が負う方式で、民間主導で事業運営を行う点において大きく異なるものである。

イギリスにおけるPFI事業は、最初にエリザベス2世橋の建設に導入され、その後、道路や橋梁、病院、学校、文化施設、刑務所、発電施設、庁舎、情報通信システム、廃棄物処理施設等において積極的に推進され、今では、イギリスの公共事業の10%以上がPFI事業で実施されている。

日本におけるPFI事業は、現在では羽田空港旅客ターミナルビルなど300件以上の事業が実施され、年間40件以上の事業が計画されている。

PFI方式の事業スキームを図2.2から図2.7に述べたものと別の視点で示すと、図2.8のようになる。

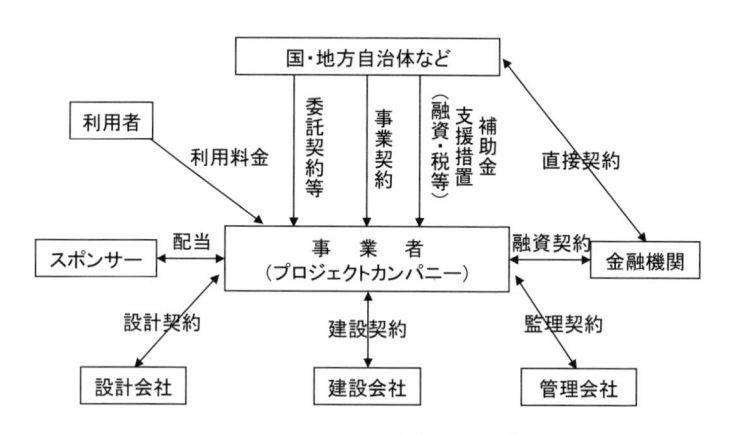

図2.8 PFI方式の事業展開(例)[6]

PFI方式の事業形態には、施設の移転譲渡の方式により、**表2.2**に示すようにBOT方式、BTO方式、BOO方式の3つの事業形態がある。

表2.2 PFI方式による事業形態

事業形態	内容
BOT方式 (Build Operate Transfer)	民間事業者が自ら資金調達を行い、施設を建設(Build)して所有し、事業期間にわたり維持管理、運営(Operate)を行い、資金回収した時点で公共に施設の所有権を移転(Transfer)する方式。
BTO方式 (Build Transfer Operate)	民間事業者が自ら資金調達を行い、施設を建設(Build)した後、施設の所有権を公共に移転(Transfer)した上で、施設の維持管理、運営(Operate)を民間事業者が行っていく方式。
BOO方式 (Build Operate Own)	民間事業者が自ら資金調達を行い、施設を建設(Build)して所有(Own)し続け、事業期間にわたり維持管理と運営を行った後、事業終了時点で民間事業者が施設を解体・撤去するなどの方式。

また、PFI方式を資金調達とコスト償却方法に対する公共の関与という基準で分類すると、次のように分けられる。

(a) 独立採算型（料金徴収型）

民間企業が資金調達から施設の建設と運営を行い、利用者からの料金徴収により資金を回収する方式で、有料道路や橋、発電施設、美術館、博物館などの事業に適用される。公共体は事業許可権を与えるだけなので、建設と運営のリスクは民間が負担する。

```
公共 ──事業許可→ PFI事業者 ──サービス提供→ 利用者
                              ←──料金支払──
```

(b) サービス提供型

民間企業が資金調達から施設の建設と運営を行う点においては独立採算型と同じであるが、運営によるサービスの対価を政府が契約に基づき支払う方式で、刑務所や一般道路など利用者が直接は支払わない事業に適用される。

事業リスクは原則として民間企業が負い、コストは公共部門からの支払いによって回収する。

```
公共 ──料金支払→ PFI事業者 ──サービス提供→ 利用者
```

(c) ジョイントベンチャー型（一体整備型）

官民双方の資金を用いて施設の建設と運営を行う方式で、コストの直接回収が困難であっても入札前の契約によって官民の役割分担を明確にし、民間へのリスク移転を行う方式である。

国家的プロジェクトや都市開発などの事業実施に伴うリスクが大きく、運営段階での利益が得にくいタイプの事業に適用される。

イギリスとフランスを結ぶ英仏海峡トンネル連絡鉄道などに採用された。

```
公共 ──補助金→ PFI事業者 ──サービス提供→ 利用者
                            ←──料金支払──
```

第3章　プロジェクトの採算性と
　　　　効率性の評価に関するマネジメント

3.1　採算性の考え方

3.1.1　公共工事の場合

　公共工事においても個々のプロジェクトの計画については、限られた予算で最大の効果を上げるべく、社会が受容する効用や便益を全体としてできるだけ多くなるようにすることや(社会的効率性)、ごく一部の住民が利益を得るようなことがないようにすること(公平性)など、種々の評価基準から十分な検討を経た上で適切な予算配分を行うことが重要である。

　このため、多額の資金を投入する大型の公共土木事業などの場合には、与えられた条件下で適切な収益と費用効果が確保できるか否か、また資金の運用が健全になされるかどうかについての分析と評価が行われることが重要である。採算性の評価は収益性分析により、効率性の評価は費用便益分析により実施される。

　公共部門の建設プロジェクトの計画においては、採算性と効率性の評価についての知識が大変重要になっている。その理由としては次の点を指摘することができる。

① 過去の建設プロジェクトは、国民側の絶対的な要請によって実施されてきたため、採算性の評価はさして問題にならなかった。しかし、限られた予算を有効に活用するために、採算性と効率性の評価を計画にフィードバックし、適切なプロジェクトの事業規模を決定し、かつ的確な実施計画を立案することが要請されるようになってきた。

② 適切な実施計画を作成するためには、従来、経済関係や会計関係の専門家によってなされてきた業務を土木技術者自らが行う必要性が生じてきた。

③ プロジェクトの事業費を低減するためには、工事費などそれぞれの項目を単独で見ていても効果は低く、プロジェクト全体をバランス良く見て、効果的な改善を図る必要がある。例えば、プロジェクトに投資される予算には限りがあることから、予算面と工程面から適切な建設期間を設定できれば、

建設工法等の選択肢も増えて事業費の低減にもつながる。
④ 経済の国際化、ODA(Official Development Assistance)の拡大とともに海外の建設プロジェクトは急速な増加を示している。海外プロジェクトには、世界銀行(IBRD：International Bank for Reconstruction and Development)やアジア開発銀行(ADB：Asian Development Bank)の国際資金または外国資金が導入されており、採算性の評価が不可欠である。
⑤ 海外プロジェクトの調査・計画には、多くの技術者が参加するが、その中に採算性評価に関する専門家が含まれるとは限らず、土木技術者がそれを担当する機会も多い。

3.1.2 民間企業の場合

　民間企業の場合、請け負った仕事を通して適切な利益(利潤)を上げることが、企業の存在目的(従業員の福利・厚生、株主への配当、社会に対する貢献など)からみて最重要課題である。むろん、今日の経営計画は複雑で、利益だけを目標としているとは限らない。しかし会社の経営基盤を強化し発展させていくためには、仕事を通じて安定的に利益を確保していくことが必要である。
　民間の開発プロジェクトにおいても、そのプロジェクトが社会的に十分受け入れられる内容のものであると同時に、プロジェクトの実施期間を通じて健全な経営と財務の基礎となる十分な採算性を持つ必要がある。

3.2　プロジェクトの採算性評価

　プロジェクトの採算性の評価にあたっては、次の2つが重要である。
① 投資から回収まで長期にわたる開発投資型プロジェクトの評価
② 投資から回収まで短期間で終了する工事費削減効果

3.2.1　複利計算について

　採算性を評価するときには、効果が短期間で現れる問題と、長期にわたる問題に分けて考える必要がある。
　効果が短期で現れる問題に対しては、利益の大小で比較すればよい。例えば、A、Bの2つの案があれば、次式により採算性の評価がなされる。

```
売上高（A案）－費用（A案）＝利益（A案）
売上高（B案）－費用（B案）＝利益（B案）
利益（A案）－利益（B案）＝利益の差                    (3.1)
```

一方、効果が長期にわたる問題では、お金の時間的な「ズレ」を考慮する必要がある。

例えば、現在の100万円と10年後の100万円は同じ価値を持つわけではない。お金には時間の経過とともに金利が付くので、金利分を考慮し、時間のズレを調整した上で、両者の価値を比較する必要がある。

これは、お金には時間の経過とともに金利が付くという理解でもよいし、リスクも含め将来に受け取るお金よりも、現在、確実に受け取ることができるお金の方が価値があるという理解でもよい。ただし、お金の価値を判断する場合、物価の上昇も考慮しなければならないが、ここでは考慮外とする。

本項では時間の効果を調整する方法として、複利計算の中から4つの代表的な係数である終価係数、現価係数、年金現価係数、資本回収係数について説明する。

(1) 終価係数

複利計算とは、ある一定期間に発生した利息を元金に加え、その元利合計を次の期間の利息計算の対象として所定の期間数、利息計算を繰り返す方法である。

年利率10%で100万円を投資すれば、5年後には複利計算により、元利合計は次のようになる。

```
1年後：100.0万円×1.1＝110.0万円
2年後：110.0万円×1.1＝121.0万円
3年後：121.0万円×1.1＝133.1万円
4年後：133.1万円×1.1＝146.4万円
5年後：146.4万円×1.1＝161.1万円
```

上記の複利計算（P→S）は、次式で表すことができる。

$$S = P \times (1+i)^n \qquad (3.2)$$

S：元利合計　　P：元金　　i：利率
n：年数　　$(1+i)^n$：終価係数

この終価係数$(1+i)^n$は$(P \to S, i\%, n 年)$と表され、式(3.2)で計算される。この例では、終価係数は 1.611 となる(巻末の表を参照)。

便利な数字として、終価係数が概ね「2」になる年数は(70÷利子率)になる。応用例として、給料の昇給率が年 5%であれば、給料が 2 倍になるには 14 年かかる。

この 161.1 万円のことを 100 万円の 5 年後の将来価値という。

(2) 現価係数

逆に、元利合計から元金を求める公式$(S \to P)$は、式(3.2)から、次式で求与えられる。

$$P = S \times (1+i)^{-n} \tag{3.3}$$

P：元金　　S：元利合計　　i：利率

n：年数　　$(1+i)^{-n}$：現価係数

現価係数$(1+i)^{-n}$は、$(S \to P, i\%, n 年)$と表される。

この現価係数は、式(3.2)と式(3.3)の定義から明らかなように、終価係数の逆数になっている。

例として、5 年後に 100 万円を手にするには年利率 10%としていくらの元金が必要になるか計算する。

巻末に示す表より、現価係数は$(S \to P, 10\%, 5 年) = 0.6209$となるので、元金は P = 100 万円×0.6209 = 62.09 万円になる。

つまり、5 年後の 100 万円は現在の価値(現価)で 62.09 万円になるわけである。

この考え方を「現在価値に割り引く」という。

(3) 年金現価係数

年利「i」で預金して毎年等額入手する元金を求める公式$(R \to P)$は、次式で与えられる。

$$P = R\{1 - (1+i)^{-n}\}/i \tag{3.4}$$

P：元金　　R：年末等額回収額　　i：利率

n：年数　　$\{1-(1+i)^{-n}\}/i$：年金現価係数

ここで年金現価係数$\{1-(1+i)^{-n}\}/i$は、$(R \to P, i\%, n 年)$と表される。

この年金現価係数は、例として、5年間にわたって毎年末に100万円をもらうためには、年利率10%とすると元金はいくら必要となるか、あるいは、5年間にわたって毎年末に同額を支払うときの現在価値合計を求める、という計算に使われる。

巻末の表より、年金現価係数は(R→P, 10%, 5年)＝3.791となるので、元金(現在価値合計)で100万円×3.791＝379.1万円となる。

(4) 資本回収係数

これとは逆に、毎年の年末等額回収額を求める公式(P→R)は次式で求められる。

$$R = P[i/\{1-(1+i)^{-n}\}] \qquad (3.5)$$

R：年末等額回収額　　P：元金　　i：利率
n：年数　　$\{1-(1+i)^{-n}\}/i$：年金現価係数

ここで、資本回収係数は(P→R, i%, n年)で表される。

この資本回収係数は、元金から年金額を求めたり、借入金から年間返済額を求めるのに使われる。

例えば、100万円を年利率10%で運用しながら10年間で取り崩していく場合、毎年の取り崩し額は、

　　　100万円×0.16275＝162,750円となる。

これらの計算により、年金、生命保険、車や住宅のローン等の支払額を現在の価値に換算することができる。

3.2.2 採算性の評価方法

複利計算を活用した採算性の計算方法には、主として次のものがある。

(1) 原価比較法

目的と売上高が同じ複数の投資案があるとき、原価(コスト)の大小を比較して最適案を選択する方法で、原価を現在価値(現価)に直して評価するもの。

(2) 利益比較法

投資額と原価の違う複数の投資案について、利益(原価)の大小を比較して最適案を選択する方法で、投資額および原価は現在価値(現価)に直して評価するもの。

(3) 投資利益率法

投資額の利益率(投資利益率)を求めてその大小で採算の良否をみる方法であり、内部利益率あるいは単に割引率と呼ばれる。

例えば、1,000万円の投資により5年後2,000万円になって戻ってくるとすると、投資利益率「i」は投資金額1,000万円に対する5年後の終価と収入がバランスするとして次式を解くことにより求められる。
すなわち、

$$1,000\text{万円} \times (1+i)^5 = 2,000\text{万円}$$

から、投資利益率は終価係数$(1+i)^5 = 2.0$を解き$i = 14.9\%$と求まる。
言い換えれば、投資利益率は、投資金額1,000万円をすべて借入金としたときに支払うことができる上限の利子率となっている。
投資利益率は、代替案の相互比較の他、プロジェクトの健全性、安全性をみるため、例えば、市場金利、公定歩合等と比較される。投資利益率は、高ければ高いほど投資による収益性は高いことになる。
実際の投資の決定にあたっては、同時に評価を行っている他の案件の条件、投資額、融資側の資金状況、市場の金融状況、相手先の信用度や担保の有無など種々の条件を考え決定される。

(4) 資本回収期間法

投下した資金の回収期間の長短を求めて、短い案を有利とする方法である。この方法は利益に対する貢献度をみるというよりは、資金繰りとの関係を含めて投資の安全性をみるところに特徴がある。
資金繰りに関していえば、投資利益率がプロジェクト自体の採算性を示す指標になるが、各年度においても収支のバランスが必要である。
ここで、借入金に対する返済能力を表す指標として、次式で定義されるインタレスト・カバレッジ・レシオがある。

$$(営業利益 + 受取金利) \div 支払金利$$

インタレスト・カバレッジ・レシオは当然、1.0あるいはそれ以上必要である。これを下回る場合には、借入金や返済計画などを見直す必要がある。

3.2.3 例題

さて、3.2 節の始めに示したように、各々のプロジェクトごとで行う採算性の評価については、次の2つのケースが重要である。
① 投資から回収まで長期にわたる開発投資型プロジェクトの評価
② 投資から回収まで短期間で終了する工事費削減効果

[例題1] 開発投資型 A プロジェクトの採算性評価

A プロジェクトの事業期間を 10 年間として次に示す資金計画(収入と投資計画)がまとめられている。この計画の投資利益率を計算せよ。

年度	1	2	3	4	5	6	7	8	9	10	合計
収入	0	0	380	760	760	760	760	760	760	760	5700
投資	800	1600	0	50	50	75	75	100	100	125	2975
収入−投資	−800	−1600	380	710	710	685	685	660	660	635	2725

【解答】

投資利益率は、事業期間中で投資と収入がバランスする利子率(割引率)を求めればよい。すなわち、各年度の(収入−投資)を現在価値(現価)に直した合計がゼロとなる割引率「i」を求める。

現価係数($S \rightarrow P, i, n$ 年)を用い、初年度を基準にしてこれを表すと次式になる。

$$(-800) \times 1.00 + (-1600) \times (S \rightarrow P, i, 1 \text{年}) + 380 \times (S \rightarrow P, i, 2 \text{年})$$
$$+ 710 \times (S \rightarrow P, i, 3 \text{年}) + 710 \times (S \rightarrow P, i, 4 \text{年}) + \cdots + \cdots$$
$$+ 660 \times (S \rightarrow P, i, 8 \text{年}) + 635 \times (S \rightarrow P, i, 9 \text{年}) = 0 \qquad (3.6)$$

式(3.6)を直接解くことはできないので、ここでは割引率「i」を仮定して左を計算して「i」を求めていく。

$i = 16\%$、17%、18%で式(3.6)より、各々159、74、−6(百万円)となり、さらに細かく計算すると 17.9% と求められる。

[例題2] 工事費の削減を目的とした採算性評価

建設現場に投入する建設機械の選定や仮設備の計画には、施工条件や施工技術面での知識が不可欠になるが、同時に費用面への配慮を怠ることはできない。建設機械をリースと買取りのどちらで調達するかというような問題になれば、金利や税金等に関わる知識も不可欠なものになる。

ここでは、土木技術者としてより身近な例題として、建設機械の購入、買取りとリースの問題を取り上げて、複利計算の仕方について説明する。

レンタルは、賃貸借契約によってレンタル会社が所有している機械設備等を任意の期間貸す際の契約で、中途解約が認められている。保守、修理はレンタル会社が負担する。

一方、リースの場合はユーザーが発注した特殊な機械設備を対象としており、期間は3～6年と比較的長く、途中解約は認められていない。保守管理責任はユーザーが負うものである。

(1) 建設機械購入時の採算性比較

建設機械を購入するにあたり、N社とM社から見積書を入手した。購入代金とその他の条件を整理すると下記のようになる。

	N社の建設機械	M社の建設機械
購入代金(P)	600万円	700万円
残存価額(S)	60万円	70万円
年間維持費(R)	75万円	55万円
耐用年数(n)	8年	8年
利子率(i)	10%	10%

要約すれば、N社の機械の購入代金は600万円とM社の機械と比べて安いが、年間の維持費は逆に75万円と高くなっている。その他の条件や生産能力はどちらも同じとする。

さて、どちらの機械を購入することが有利であるか。

【解答】

原価比較法により計算を行う。この方法は、目的と売上高が同じ複数の投資案があるとき、原価の大小を比較して最適案を選択する方法で原価を現在価値(現価)に直して評価する。

(a) N社の建設機械
- 残存価格(S)を現価に直すと、現価係数より次の通りとなる。

$$60\text{万円} \times (S \to P, 10\%, 8\text{年}) = 60\text{万円} \times 0.4665$$

- 年間維持費(R)の支払総額を現価に直すと、年金現価係数より次の通りとなる。

$$75\text{万円} \times (R \to P, 10\%, 8\text{年}) = 75\text{万円} \times 5.335$$

- 購入原価の現在価値は、次の通りとなる。

$$600\text{万円} + (75\text{万円} \times 5.335) - (60\text{万円} \times 0.4665) = 972.1\text{万円}$$

(b) M社の建設機械
- 購入原価の現在価値は、次の通りとなる。

$$700\text{万円} + (55\text{万円} \times 5.335) - (70\text{万円} \times 0.4665) = 960.8\text{万円}$$

(c) 比較結果
- M社の方が、現価基準で$(972.1 - 960.8) = 11.3$万円有利になる。

(2) 購入とリースとの採算性比較

建設機械を購入する場合とリースする場合について、どちらが有利であるかを検討せよ。条件は次の通りである。

(a) 購入した場合
- 購入代金600万円、5年後の処分価額は10％、減価償却費は定額法により各年度一律の$(600-60)/5 = 108$万円とする。
- 節税額は減価償却費に実効税率41％を乗じた額とする。
- 利子率は10％とする。

(b) リースした場合
- 月々15万円のリース料で、5年間のリース契約とする。
- リース代金による節税額は実効税率41％を乗じた額とする。
- 利子率は10％とする。

【解答】

(a) 購入した場合

節税効果は減価償却費に実効税率を乗じた額となる。すなわち、各年次の節税額は 108 万円×0.41＝44.3 万円になる。

- 節税額の現在価値(現価)は、年金現価係数より次の通りとなる。

> 44.3 万円×(R→P, 10%, 5 年)＝44.3 万円×3.791＝167.9 万円

- 処分価額の現価は、現価係数より次の通りとなる。

> 60.0 万円×(S→P, 10%, 5 年)＝60.0 万円×0.6209＝37.3 万円

- 節税額を含めた費用の現価は、次の通りとなる。

> 600.0 万円－167.9 万円－37.3 万円＝394.8 万円

(b) リースした場合

- 5 年間のリースの合計額の現価は、年金現価係数より次の通りとなる。

> 15 万円×12×(R→P, 10%, 5 年)＝180 万円×3.791＝682.4 万円

- リース料はそのまま費用になり、節税効果はリース代金の年額に実効税率を乗じた額(15 万円×12 カ月)×0.41＝73.8 万円になる。
- 節税額の現価は、年金現価係数より次の通りとなる。

> 73.8 万円×(R→P, 10%, 5 年)＝73.8 万円×3.791＝279.8 万円

- したがって、節税効果を含めたリース費用の現価は、

> 682.4 万円－279.8 万円＝402.6 万円

(c) 比較結果

購入した場合は 394.8 万円、リースした場合は 402.6 万円である。故に、リースした方が有利となる。

減価償却費について：
　減価償却費とは、企業会計の慣行により法定として、固定資産となる建物や設備に投資した金額を各年度に配分して計上する費用のことである。固定資産はその期間中、企業の経常活動に使われているので、固定資産の取得原価を各会計期間に配分することにより、正しい期間損益計算を行うためである。
　減価償却費は取得原価、残存価額、耐用年数より計算されるが、計算方法として定額法と定率法がある。
① 定額法による減価償却費は(取得原価－残存価額)/耐用年数で与えられる。耐用年数5年、残存価額を10%とすると、各期の償却率は1/5＝0.200であり、減価償却される割合は取得価格に対して(1.0－0.1)/5＝0.18となる。
② 定率法による減価償却費は、(毎期末残存価格－残存価額)に一定割合(償却率)を乗じることにより与えられる。各期の償却率は$\{1-\sqrt[n]{(残存価額/取得原価)}\}=\{1-\sqrt[5]{(0.1)/1}\}=0.369$となる。減価償却額は固定資産の帳簿価格にこの償却率を乗じていくから、減価償却される割合は取得価格に対して、1年目は$1.0 \times 0.369＝0.369$、2年目は$(1.0-0.369) \times 0.369＝0.233$、3年目は$(1.0-0.369-0.233) \times 0.369＝0.147$(以下、4年目は0.092、5年目は0.059)と与えられる。減価償却額は、初年度に大きく、次年度から漸減していく。
③ このように償却法の考え方については、固定資産は新しいときには能率が良く、生産能力も大きいから、減価償却額も大きくあるべきであるという考え方と、後年度において減価償却費が減少しても、修繕費が増加するので、固定資産関係の費用としては毎期平均するであろうという考え方がある。
④ 表3.1に、建設機械設備の法定耐用年数の例を示す。
⑤ なお、平成20年4月30日付の「減価償却資産の耐用年数等に関する省令」により減価償却制度の改正が行われている。改正の詳細については「減価償却資産の耐用年数等に関する省令」を参照されたい。

表3.1　建設機械設備の法定耐用年数の例

設　備　の　種　類	細　　　目	耐用年数
ブルドーザー、		5
パワーショベル		5
その他の自走式作業機械設備		5
他の建設機械設備	排砂管、可搬式コンベヤ	3
	ジーゼルパイルハンマー	4
	アスファルトプラント	6
	バッチャープラント	6
	その他の設備	7
測量業用設備	カ　メ　ラ	5
	その他設備	7
砂利採取、岩石採取、		8
砕石設備		8

3.3 企業における採算性の評価と損益分岐点分析

3.3.1 採算性の評価

前節ではプロジェクトの採算性の評価について現価基準による方法を説明したが、本節では、企業の採算性の評価として使われる損益分岐点について説明する。

最初に、説明にあたって固定費と変動費の区分について解説する。なぜならば、採算性の評価は目的や状況によって異なることを理解しなければならないからである。例えば、企業における採算性は、納期や、投入できる人員、設備等に制約がある場合とそうでない場合とでは、評価自体が大きく異なるからである。

採算性の評価をするのは、限られた資源を有効に活用して利益を大きくするためであるので、人員に制約があれば人員を優先し、設備に制約があれば設備効率を尺度とした評価を行わねばならない。

さて、変動費と固定費の区別については、表 3.2 に示す通りである。ただし、変動費は売上高によって変動する費用で、固定費は変動しない費用であるが、必ずしもすべてのケースがそうであるとは限らない。

表3.2 固定費と変動費

固定費	生産量や売上高に関係なく事業を行っていく上で、一定期間に決まった額が必要とされる。この費用を固定費という。販売費および一般管理費、支払利息、工事経費中の人件費（基準内賃金）、機械等の減価償却費などである。
変動費	完成工事高に比例して増減する費用をいう。完成工事原価中の材料費、労務費、外注費、工事経費（人件費、機械等の減価償却費を除く）などである。

例えば、現場の人員計画を作成する場合、工期の全体にわたって同じ人員が必要であるということはなく、計画段階で人員（増減）工程表を作成して管理していくことになる。また、材料が支給される場合には、材料費は変動費用から除かれることになる。

このことを理解するために簡単な例題を考えてみよう。

T社は、現在いくつかの手持ち工事をかかえているが、人員や設備には余力がある場合を考える。いま、A案件とB案件の引き合があるとき、どちらを受注した方が有利であるか、という場合についてである。

ただし、売上高、変動費、固定費は次表の通りとする。

第3章　プロジェクトの採算性と効率性の評価に関するマネジメント

(単位：百万円)

	A 案件	B 案件
工事請負金額（売上高）	400	600
工　事　原　価		
変動費	280	450
固定費	80	120
利　　益	40	30

　表によれば、A案件の方がB案件よりも利益が大きいことになる。しかし、T社は現在人員や設備に余力があり、これらの案件を受注してもしなくても、会社として必要な固定費は変わらない状況にあるとする。

　あらためて、変動部分のみに着目して表を作り直すと次のようになる。

	A 案件 （単位：百万円）	B 案件 （単位：百万円）
増加売上	400	600
増加費用	280	450
増加利益(固定費＋利益)	120	150
売上利益率	30%	25%

　つまり、B案件は売上利益率は低いが売上高が大きいので、より多くの利益を上げることができる。そのため、人員と設備に余力がある状態であれば、B案件を受注する方がT社にとって、正しい選択となる。

　この例題では固定費は変わらないものとして検討を行ったが、固定費が変動するものとすれば、売上高からみればB案を採用し、利益からみればA案を採用することになる。

3.3.2　損益分岐点分析

　損益分岐点による分析は、企業における採算性をみるためのものであり、経営成績を良くするための重要な経営手段として用いられている。

　損益分岐点を検討する場合の着眼点は、次の通りである。

> ①　どれだけの完成工事高があれば利益が上がるか。
> ②　収益性の余裕度をどの程度もっているか。
> ③　利益をより多く上げるため、あるいは、経営環境の変化により物価変動が予想されるとき、完成工事高をどれだけ増やさなくてはならないか、あるいは、どれだけ費用を節減しなければならないか。

企業の売上高、費用、損益の関係は概念的には図3.1のように表すことができる。図では、横軸に売上高を、縦軸に売上高、費用、損益を表している。売上高は傾き45°の直線で与えられる。

費用は、売上高に比例して増加する変動費と、固定費との和として与えられる総費用線によって表されている。

図3.1において、損益は(売上高−費用)により与えられ、損益ゼロのポイントを損益分岐点(Break Even Point：図中のX点)という。ここで費用は(変動費＋固定費)である。

実際の売上高がX点(損益分岐点売上高)よりも大きければ黒字(利益が出ている状態)、X点よりも少なければ赤字(損失が出ている状態)になる。

損益分岐点は低いほどよい。損益分岐点が低いことは売上高が少々減っても利益が出ることである。逆に損益分岐点の高い企業は、少しの売上減で赤字になる。このように、損益分岐点は企業の収益構造の柔軟性を示す指標として用いられる。

損益分岐点比率の目安としては、70%以下は健全、70〜80%は可、80〜90%は要注意、90%以上は危険といえる。

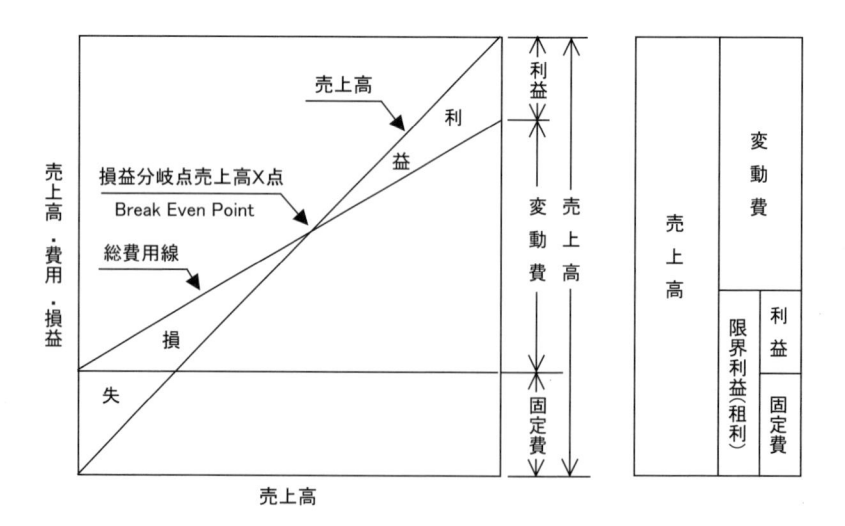

図3.1　損益分岐点図

損益分岐点分析における重要な指標を次式に示す。

第3章 プロジェクトの採算性と効率性の評価に関するマネジメント

損益分岐点比率(%)
　　　　＝［固定費/{1－(変動費/売上高)}］×100/売上高
　　　　＝［固定費/(1－変動費率)］×100/売上高
　　　　＝［固定費/限界利益率］×100/売上高　　　　　(3.7)
限界利益率(%)＝(売上高－変動費)×100/売上高
　　　　＝限界利益×100/売上高　　　　　　　　　　　(3.8)
損益分岐点売上高＝固定費/限界利益率　　　　　　　　(3.9)

安全余裕率(%)
　　　　＝(売上高－損益分岐点売上高)×100/売上高
　　　　＝(1－損益分岐点比率)×100　　　　　　　　　(3.10)
必要売上高＝(固定費＋必要利益)/限界利益率　　　　　(3.11)

[例題3] K建設の損益計画書について次の設問に答えよ。
(1) 限界利益率、損益分岐点比率、損益分岐点完工高はいくらか。
(2) 工事単価(請負金額/件)が5%上昇した場合の利益はいくらか。
(3) 工事単価でなく件数が5%上昇した場合の利益はいくらか。

損益計算書　　　　　(単位：万円)

完工高	1,000	完成工事原価(変動費)	600
件数	10	1件の工事原価(変動費)	60
1件の工事単価	100	固定費	300
		利益	100

【解答】
(1) 完成工事原価(600)が変動費であるから、限界利益率は、
　　式(3.8)より、
　　　　限界利益率＝(1,000－600)×100/1,000＝40%
　　式(3.7)より、
　　　　損益分岐点比率＝(300/0.4)×100/1,000＝75%
　　式(3.9)より。
　　　　損益分岐点完工高＝300/0.4＝750(万円)

(2) 工事単価が100から105と変更になったことから、完工高は、105×10＝1,050と変更になる。完成工事原価(600)と固定費(300)は変わらないので、利益は次のようになる。

$$1,050 - 600 - 300 = 150（万円）$$

(3) 件数が5％伸びて10.5件になったとする。その場合は、完工高が1,050になり、それと同時に完成工事原価も60×10.5＝630になる。
したがって、利益は次のようになる。

$$1,050 - 630 - 300 = 120（万円）$$

[例題4] 損益計算書と完成工事原価報告書から固定費と変動費を抜き出し次表を作成した。損益分岐点比率、限界利益率、収益性の安全余裕率を求めよ。

（単位：百万円）

損益計算書	1期	固定費	変動費
[I] 営業損益			
完成工事高	481,894		
兼業事業売上高	3,451		
(1) 売上高合計	485,345		
完成工事原価	435,718		
兼業事業売上原価	3,008		
(2) 売上原価合計	438,726		404,863
（内、人件費）	(28,876)	28,876	
（内、減価償却費）	(4,987)	4,987	
完成工事総利益	46,176		
兼業事業総利益	443		
(3) 売上総利益合計	46,619		
(4) 販売費と一般管理費	30,506	30,506	
営業利益	16,113		
[II] 営業外損益			
(1) 営業外収益	8,692	△8,692	
(2) 営業外費用	6,059	6,059	
経常利益	18,746		
合計		61,736	404,863

（固変分解は日銀方式による）

【解答】

- 損益分岐点比率は、式(3.7)から、
  $(61,736/0.166) \times 100/485,345 = 76.6\%$
- 限界利益率は、式(3.8)から、
  $(485,345 - 404,863) \times 100/485,345 = 16.6\%$
- 損益分岐点売上高は、式(3.9)から、
  $61,736/0.166 = 371,904$ 百万円
- 安全余裕率(%)は、式(3.10)より、
  $(485,345 - 371,904) \times 100/485,345 = 23.4\%$
  または、$(1 - 0.766) \times 100 = 23.4\%$

[例題5] 損益分岐点図表の活用例

　会社の経営を考えていく上で、損益分岐点図表がどのように活用されるかということを簡単な例題により示す。いま、年間の固定費を5億円、必要利益を1億円、限界利益率を0.2としたときの必要売上高を計算する。

　式(3.11)から、必要売上高は(5億円＋1億円)/0.20＝30億円となる。企業の規模が大きくなれば、当然それに見合った売上高が必要となる。

　さらに、事業の拡大に伴って増加する固定費を1億円とすると、利益は現状と同じとして、必要売上高は(5億円＋1億円＋1億円)/0.20＝35億円となり、増加固定費を吸収するのに必要な増加売上高は5億円(35億円－30億円)になる。また、物価の上昇等に伴う変動費(変動比率＝変動費/売上高)の増加を吸収するのに必要な売上高は、次式で与えられる。

売上高＝旧売上高×(1－旧変動費率)／(1－新変動費率)

　上記の例で、旧変動費率を0.80、新変動費率を0.82とすると、固定費の増額がなくとも、変動費の増加を吸収する必要売上高は次の通りである。

　　33.3億円＝30億円×(1.0－0.80)/(1.0－0.82)

　この他、損益分岐点による分析から得られる情報は、会社の経営目標を定めるときに広く用いられる。

3.4 建設プロジェクトの費用便益分析

3.4.1 費用便益分析(Cost Benefit Analysis)

　費用便益分析は、公共事業の社会的便益と社会的費用を計測することで、プロジェクトによって社会全体としてどの程度の純便益が見込まれるのかを考察する方法である。

　例えば、ある事業の実施に要する費用(用地費、補償費、建設費、維持管理費等)に対して、その事業の実施によって社会的に得られる便益(旅客・貨物の移動時間の短縮、事故・災害の減少による人的・物的損失減少、環境の質の改善等)の大きさがどのくらいあるかをみるものである。

　ただし、費用や便益として何を含めるか、便益の大きさをどのように貨幣価値に換算するかについては様々な考え方や手法がある。

　次に、費用と便益が算出できたとして、両者をどう比較するかという問題であるが、公共事業の評価で主として使われている指標として、費用便益比(Cost Benefit Ratio、B/C)がある。

　これは、事業に要した費用計に対する事業から発生した便益の比率であり、その値が1以上であれば、総便益が総費用より大きいことから、その事業は妥当なものと評価される。

　ただし、事業の費用や便益の発生は数年から数十年にわたり、ある時点で支払う(得られる)お金の価値は、その1年後に支払う(得られる)お金の価値より大きいと考えられることから、金銭評価の時点を例えば事業の開始年度に揃える必要がある。

　このため各時点での費用(C)と便益(B)の額については、割引率(i)を用いて割り引き、基準時点の価値で評価する。割引率として具体的にどのような値を用いるかについては、理論的にも実務的にも難しい問題があるが、国債の実質利回りを参考に4%を用いるとしている。

　これを式で表すと次のようになる(添字は、基準年度からの経過年数)。

$$B/C = \{ B_0 + B_1/(1+i) + B_2/(1+i)^2 + \cdots \} / \{ C_0 + C_1/(1+i) + C_2/(1+i)^2 + \cdots \}$$

　また、評価指標として純便益の現在価値(Net Present Value、NPV)という指標がある。これは、各期の便益から費用を差し引いた額の割引後の合計である。

しかし、この指標は割引率による値の変化が B/C より大きく、プロジェクトの収益率を示さないこともあり、現在ではあまり使われない。

割引率にはこうした難点があることから、これを使わない評価指標として、内部収益率(Internal Rate of Return、IRR)がある。これは、各期の便益の割引後の値の総計が各期の費用の割引後の値の総計と一致する割引率を意味し、政府開発援助プロジェクトの審査等で利用されている。しかし、この内部収益率においても、その値からプロジェクトの妥当性を評価するためには、比較の基準として何らかの割引率が必要となる。

先にも述べたように、公共事業に対する割引率の設定については、日本では4％の割引率が設定されるが、欧米諸国では民間の金利が高いことを反映して、もっと高い割引率が使われている。アメリカでは6％を超えており、国際技術援助機関では8〜12％が用いられている。一方、環境関連ではもう少し低い割引率を使うべきだとの意見もあり、アメリカの環境保護庁は0％を提唱している。

ところで、費用便益分析は採算性の評価とは異なり、人々が受ける便益を計測していることに注意しなければならない。すなわち、採算が赤字でも人々が受ける便益が費用よりも大きければ、その公共事業は費用便益分析において高い評価を受けるということである。

したがって、公共事業に対する考え方としては、費用便益分析において得られた便益が低く、しかも採算も取れない公共事業は即中止し、便益が高く採算も黒字なら実行、便益が高く採算が赤字ならどちらが大きいかを比較して、実施か中止かを検討すべきということになる。

現実にはこの理論通りに実行することは困難であるとともに、それを意思決定に利用する仕方も相当に不透明であるといえる。

なぜならば、費用便益分析が適切に実行されたとしても、実際の事業の選択は効率性という観点からのみで決定されるわけではないからである。

しかし、政策決定においてプロセスの透明化、説明責任の遂行を確保しながら政策を議論していくためにはこの方法は不可欠である。

以下に、費用便益比、純便益の現在価値、内部収益率の各式を示す。

- 費用便益比 (Cost Benefit Ratio, B/C)

$$CBR = \sum_{t=1}^{n} \frac{B_t}{(1+i)^{t-1}} \Big/ \sum_{t=1}^{n} \frac{C_t}{(1+i)^{t-1}}$$

- 純便益の現在価値 (Net Present Value)

$$NPV = \sum_{t=1}^{n} \frac{B_t - C_t}{(1+i)^{t-1}}$$

- 内部収益率 (Internal Rate Of Return)

$$IRR = \sum_{t=1}^{n} \frac{B_t - C_t}{(1+i_0)^{t-1}} = 0 \text{ となる割引率} (i_0)$$

B_t : (t)期の便益
C_t : (t)期の費用
i : 割引率

さて、便益の大きさを貨幣価値に換算する方法には、消費者余剰計測法、代替法、ヘドニック法、トラベルコスト法、仮想的市場法の各方法がある。

各方法とも多量のデータや複雑な統計処理を要するため、便益の推定値は正確な結果をもたらすとはいえない。しかし、公共事業の効率性を測るには現在のところ他に方法がなく、イギリスなどでは公共事業の実施に先だち費用便益分析を法制化している。

以下にこれら各評価方法について説明するとともに、**表3.3**に各測定方法の特徴、適用範囲などについての比較を示す。

(1) 消費者余剰計測法

消費者余剰計測法は、**図3.2**に示すように、事業を実施したことによる消費者余剰の変化分を算定する方法である。

消費者余剰とは、人が財の消費(公共サービスの享受)に対して支払ってもよいと思う最大金額(支払意思額)から、実際の支払金額を差し引いた差をいい、便益は、事業を行う場合と行わない場合の消費者余剰の差として計測される。

この方法は、事業実施によって影響を受ける消費者行動についての需要曲線を設定し、消費者余剰の変化分を求めるもので、道路の利用便益や交通サービス事業などの評価分析に適用される。

具体的には、**図 3.2** に示すように、道路事業の実施により社会的なコスト（例えば走行経費に加え時間費用や疲労といった費用も含めた総費用）が P^b から P^c に低下し、交通量が X^b から X^c に増加したとすると、消費者余剰は、図の需要曲線で表す三角形 AP^bB の面積（事業前の消費者余剰）と三角形 AP^cC の面積（事業後の消費者余剰）の差である台形 P^bP^cCB で表現される。

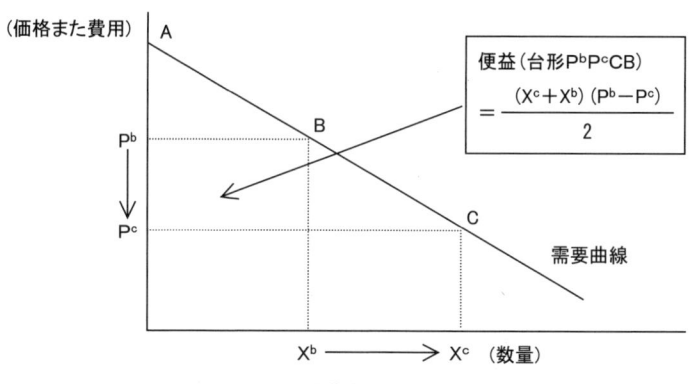

便益（台形 P^bP^cCB）
$$= \frac{(X^c + X^b)(P^b - P^c)}{2}$$

図 3.2　消費者余剰の概念

(2)　代替法 (Replacement Cost Method)

代替法は環境の経済価値を測定する方法で、環境を改善したり破壊された環境を元に戻すための費用を環境の便益とするもので、次のような方法がある。

（a）　防止支出法

環境質をある水準で維持するために必要となる費用を用いて評価する方法で、**図 3.3** に示すように、新設道路による騒音を防音壁により回避する場合の設置費用で、これを環境の経済価値とする方法などをいう。

（b）　再生費用法

悪化した環境の供給水準を元に戻すために必要となる費用を用いて評価する方法で、損なわれた自然環境を復元するための費用を用いる方法などをいう。

（c）　資源価値法

経済資源としての価値に着目するものであり、保全すべき森林を林系生産資源として評価する方法などをいう。

（d）　直接支出・収入法

環境の変化をその結果としてもたらされる直接の支出・収入の変化により評価する方法で、事故による経済損出を算定する方法などをいう。

代替法

環境の経済価値を測定するもので、環境を改善したり、破壊された環境を元に戻すための費用を環境の便益とする方法

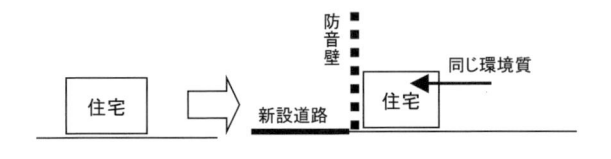

適用範囲：騒音・水質改善、治水工事、土砂流失等

図3.3　代替法の概念[18]

(3) ヘドニック法 (Hedonic Price Method)

ヘドニックとは快楽の意味で、投資によってもたらされる便益が、すべて土地に帰着するという「キャピタリゼーション仮説」に基づくもので、環境質や交通施設等を改善するための費用の上限値＝地価上昇分とする方法である。

具体的には地価を被説明変数とし、地価に影響する様々な地点特性を説明変数とした地価関数を推定することにより、環境質や社会資本の価値を金額で評価するものである。

例えば人々が住宅地を購入するとき、勤務地や駅までの距離、近隣のスーパーや公園の有無、景観・眺望などを考慮に入れて判断をすることが考えられる。

ヘドニック法

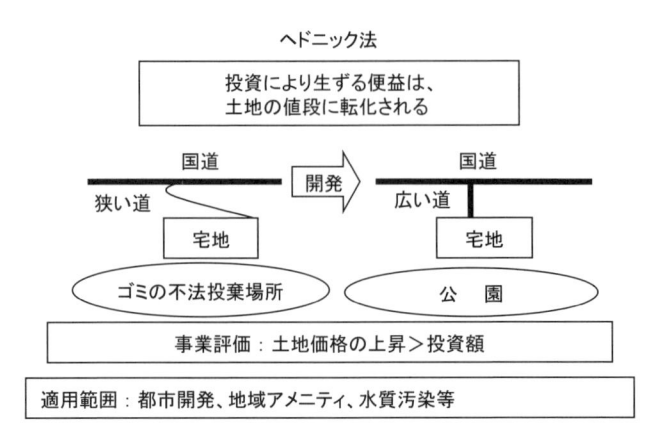

投資により生ずる便益は、土地の値段に転化される

事業評価：土地価格の上昇＞投資額

適用範囲：都市開発、地域アメニティ、水質汚染等

図3.4　ヘドニック法の概念[18]

具体的には、**図 3.4** に示したように、開発前は進入路が狭い上に、近くにゴミの不法投棄場所があった宅地が、開発事業により広い道路と公園に整備されたとする。その結果、地価が 1 平方メートル当たり 10 万円から 20 万円まで上昇したとすると、その差額 10 万円は、投資による便益価値とみなすことができる。

この方法は、実際の消費者の行動から評価額が算定されるものであり、次に述べるトラベルコスト法と共に顕示選好法と呼ばれる。

(4) トラベルコスト法(Travel Cost Method)

トラベルコスト法は、観光とか旅行等で「その目的地までの旅行費用(レジャー費用)を払っても行く価値があるか」という観点からリクリエーション、公園の利用便益、景観等の価値を貨幣評価する方法で、観光地の開発や改善するための費用の上限金額＝観光地への旅行費用とする方法である。

(5) 仮想的市場法(Contingent Valuation Method)

仮想的市場法は、提供されている環境サービスの量的減少または質的低下を避けるために受益者が最大限支払ってもよいと考える金額(支払意思額：WTP)、あるいはその変化を受認する代わりに最低限補償して欲しいと考える金額(受入意思額：WTA)を直接あるいは間接的に質問することによって、そのサービスの貨幣的評価を行う手法である。

具体的には、農村価値の景観を評価したいとすると、仮想的に農村景観が悪化してしまった状況をアンケートやインタビューを体験者に提示する。その後、「貴方はこうした景観悪化を避けるために、最大いくら支払ってもよいか」と質問する。その結果、得られた評価額を補償変分、あるいは等価変分として明確な意味を持つ評価額とするのである。

この方法は、直接回答者に環境の価値を評価してもらう方法であるため、説明の仕方、質問者、質問方法によって評価額が影響を受ける可能性がある。こうした評価額のズレを「バイアス」といい、バイアスを極力小さくするような質問形式を考案し、最も適切なモデルを開発することが研究されている。

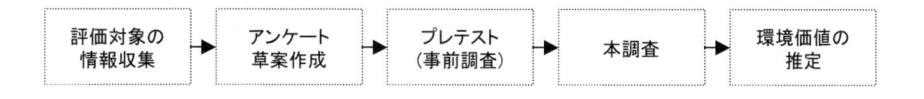

評価対象の情報収集 → アンケート草案作成 → プレテスト(事前調査) → 本調査 → 環境価値の推定

表3.3 費用便益分析による公共事業効果の測定方法

手法	消費者余剰計測法	代替法 (RCM)	ヘドニック法 (HPM)	トラベルコスト法 (TCM)	仮想市場法 (CVM)
内容	事業実態によって影響を受ける消費行動について需要曲線を設定し、消費者余剰の変化分を求める方法	環境を改善したり、破壊された環境をもとに戻すための費用を環境の便益とする方法	環境質が地代や賃金に与える影響をもとに環境価値を評価	対象地までの旅行費用をもとに環境価値を評価	環境質の変化に対する支払意思額や受入補償額をもとに環境価値を評価
適用範囲	道路の利用便益、交通サービスなど	騒音、土砂流出、河川氾濫の被害防止便益、水質改善、など	市街地再開発事業、地域アメニティ、水質汚染、騒音など	公園の利用便益、リクレーション、景観など	環境の利用便益、リクレーション、景観、野生生物、生態系など
計測対象	交通需要曲線	置換費用	地価(賃金)関数	需要曲線	支払意思額、受入補償額
利点	道路分野で長く用いられてきた手法で理論的、実用的に問題が少ない	直感的にわかりやすい	情報入手コストが比較的安い、地代、賃金などの市場価値データから得られる	必要な情報が少ない(旅行費用と訪問回数のみ)	適用範囲は広い、存在価値や遺産価値などの非利用価値も評価可能
問題点	施設の利用便益しか評価できず包括的な評価ができない	評価対象に相当する私的財が存在しないと評価できない	適用範囲が地域的なものに限定される。一般に都市部の環境財が高く評価される傾向にある	適用範囲がリクレーションの関数のものに限定される	アンケートを実施するため情報入手コストが高い。バイアスが生じやすい

(佐藤総合研究所)

3.4.2 例題

[例題6] 道路事業における費用便益分析例

(1) 交通需要予測

　将来の交通量を予測し、車種ごと(乗用車、バス、小型貨物、普通貨物)に交通量、走行速度、路線条件(延長、車線数等)を算出する。

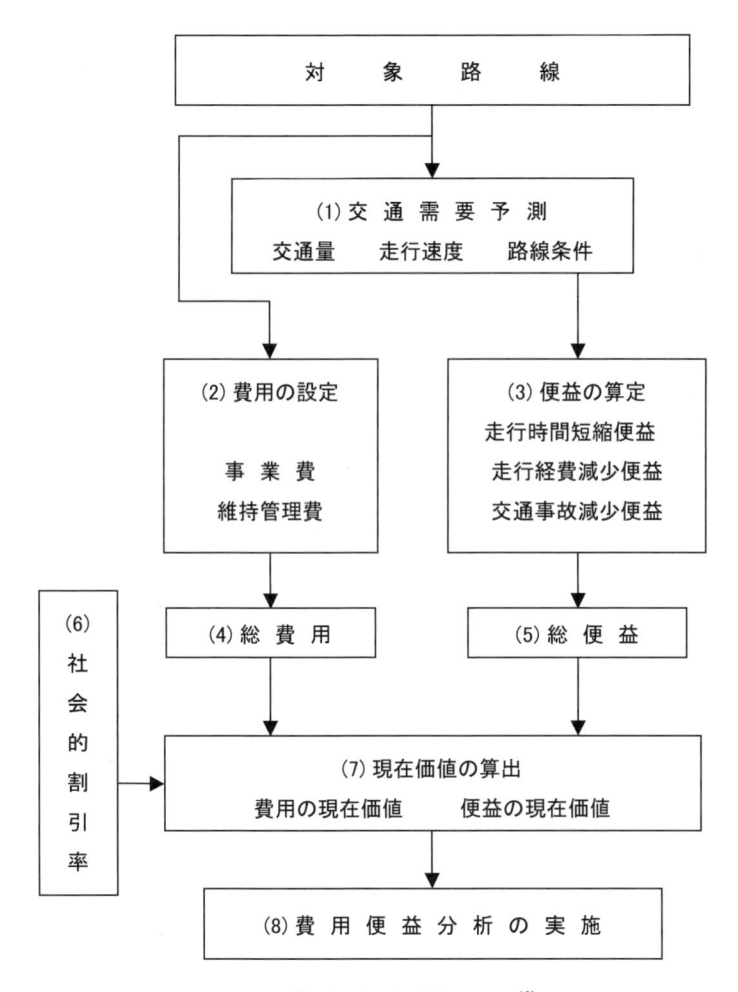

第3章 プロジェクトの採算性と効率性の評価に関するマネジメント　61

図3.5　費用便益分析検討フロー[19]

(2) 費用の算定

　道路整備に要する事業費として、工事費、用地費、補償費が対象になる。維持管理費は供用後に必要となる道路維持費、道路清掃費、照明費、オーバーレイ費等が対象となる。

(3) 便益の算定

　道路事業による便益については、**表3.4**に示すように、渋滞の緩和による走行

時間の短縮、走行経費の減少、交通事故の減少をはじめとし、様々な効果が期待できる。このうち、国土交通省では、走行時間短縮便益、走行経費減少便益、交通事故減少便益の便益により事業評価を行っている。

表3.4　道路整備による便益項目

直接効果	道路利用者	道路利用効果	走行時間短縮
			走行経費減少
			交通事故減少
			走行快適性の向上
	沿道および地域社会	環境効果	大気汚染
			騒音、振動
			景観、生態系
			地球環境
		住民生活効果	代替路確保
			道路空間の利用
			生活機会、交流機会の増大
			公共サービス向上
間接効果		地域経済財政効果	需要創出・新規立地に伴う生産増加
			雇用・所得増大
			人口の安定
			資産価値の向上・財政の安定
	国	国土均衡効果	地域格差是正

(a) 走行時間短縮便益

道路整備により、周辺道路も含めた走行時間が短縮される効果を時間価値原単位を用い算定する。

$$BT = BT_o - BT_w$$

　　　BT　：走行時間短縮便益(円/年)
　　　BT_o　：整備前の走行時間費用
　　　BT_w　：整備後の走行時間費用

$$BT_i = \Sigma \Sigma Q_{jl} \cdot T_{jl} \cdot \alpha_j \times 365$$

　　　Q_{jl}　：リンクLにおける車種別Jの交通量(台/日)
　　　T_{jl}　：リンクLにおける車種別Jの走行時間(分)
　　　α_j　：車種別Jの時間価値原単位(円/分・台)

表3.5 車種別時間価値原単位

(円/分・台、平成16年価格)

車種	時間価値原単位
乗用車	62.86
バス	519.74
小型貨物車	56.81
普通貨物車	87.44

(b) 走行経費減少便益

道路整備によって混雑の緩和等、走行条件が改善されることによる必要経費の減少量として計測する。具体的には、燃料費、油脂(オイル)費、タイヤ・チューブ費、車両整備費、車両償却費等の項目について走行距離単位当たりで計測した原単位(円/台・km)を用いて算定する。

$$BR = BR_o - BR_w$$
$\quad BR$: 走行経費減少便益(円/年)
$\quad BR_o$: 整備前の走行経費
$\quad BR_w$: 整備後の走行経費
$$BR_i = \Sigma\Sigma Q_{jl} \cdot L_l \cdot \beta_j \times 365$$
$\quad Q_{jl}$: リンクLにおける車種別Jの交通量(台/日)
$\quad L_l$: リンクL延長(km)
$\quad \beta_j$: 車種別Jの走行経費原単位(円/台・km)

表3.6 車種別走行経費原単位

(円/台・km、平成16年価格)

速度(km/h)	乗用車	バス	小型貨物車	普通貨物車
20	17.19	69.94	33.41	51.01
30	15.58	66.41	32.38	46.26
40	15.04	65.03	31.93	44.09
50	15.07	64.89	31.84	43.59
60	15.31	65.31	31.92	43.94

(c) 交通事故減少便益

道路整備によって周辺道路の交通量が減少することに伴う、交通事故による社会的損失の減少を算定する。

> $BA = BA_o - BA_w$
> 　　BA ： 交通事故減少便益（円/年）
> 　　BA_o： 整備前の交通事故社会的損失
> 　　BA_w： 整備後の交通事故社会的損失
> $BA_l = \Sigma \Sigma AA_l$
> 　　A ： 人身事故1件当たり損失額（円/件）
> 　　A_l ： リンクLにおける平均事故件数（件/年）

表3.7 人身事故1件当たり損失額

(千円、平成16年価格)

道路・沿道区分			人身事故1件当たり損失額	
			単路	交差点
一般道路	DID（人口集中地区）	2車線	5,779	5,778
		4車線以上	5,714	
	その他市街地部	2車線	6,486	6,188
		4車線以上	6,160	
	非市街地部	2車線	7,546	6,572
		4車線以上	6,381	
高速道路			7,588	—

(4) 総費用

道路整備に要する事業費と維持管理費（供用開始から40年間）を総合計したもの。

(5) 便益

走行時間短縮、走行経費減少、交通事故減少便益（供用開始から40年間）を総合計をしたもの。

(6) 社会的割引率

割引率の設定は、GNPの成長率などを勘案して定めることが一般的である。将来にわたる成長率の予測が困難なことから、社会的な金利動向をみることにより現在は4%としている。

(7) 現在価値の算出

社会的割引率を用い、当該道路の着手時から評価期間までに発生した費用（供用開始年から40年間）を現在価値に換算したもの。便益は評価期間内に発生する便益を現在価値に換算したもの。

(8) 費用便益分析の実施

費用便益比＝(便益÷費用)で与えられる。

上式で算出された費用便益費は、事業採択の前提条件を確認するための指標として用いられており、採択にあたってはB/C＝1.5以上が望ましいとされている。

道路事業の費用便益分析例

山岳地帯を経由する距離40kmの国道で、交通量3万台/日で、走行速度20km/時である。ここに事業費1000億円で20kmのバイパスを建設した。その結果、国道は12,000台/日(40%)、バイパスは18,000台/日(60%)で走行速度は国道が30km/時、バイパスが40km/時となった。

設定条件(計算を簡単にするため次の通り仮定する。)
1. 建設(1000億円)は瞬時にできる。
2. 交通量は乗用車のみとする。
3. 維持管理費：省略する。
4. 便益算定：計算簡略化のため走行時間短縮と走行経費減少便益のみとし、交通事故減少便益は省略する(割引率：4%、評価対象期間：40年)。

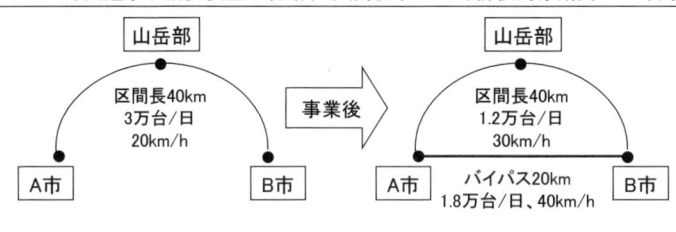

【事業前】山岳部　区間長40km　3万台/日　20km/h　A市—B市

【事業後】山岳部　区間長40km　1.2万台/日　30km/h　A市—B市　バイパス20km　1.8万台/日、40km/h

解 答

(1) 走行時間短縮便益

バイパス新設前所要時間／新設後国道所要時間／バイパス所要時間

$B_1 = (40\text{km}/20\text{km/h} - 40\text{km}/30\text{km/h} \times 40\% - 40\text{km}/40\text{km/h} \times 60\%)$
　　　　$\times 30{,}000\text{台}/\text{日} \times 60\text{分} \times 62.86\text{円}/\text{台} \times 365\text{日} = 483.20\text{億円}/\text{年}$

(2) 走行経費減少便益

バイパス新設前走行経費／新設後国道走行経費／バイパス走行経費

$B_2 = (40\text{km} \times 17.19\text{円}/\text{台km} - 30\text{km} \times 15.58\text{円}/\text{台km} \times 40\% - 20\text{km} \times 15.04\text{円}/\text{km} \times 60\%)$
　　　　$\times 30{,}000\text{台}/\text{日} \times 365\text{日} = 35.06\text{億円}/\text{年}$

(3) 評価対象期間t＝40年に対する累計割引率

$\sum_{n=0}^{t-1}(1+i)^{-n} = \sum_{n=0}^{39}(1+0.04)^{-n} = 20.6$

(4) 費用便益費

$B/C = (483.20 + 35.06) \times 20.6 / 1000 = 10.7$ となる。

図3.6　道路事業の費用便益分析例 [18)]

[例題7] 治山治水事業における費用便益分析例

①想定氾濫計算
計画洪水規模を含め、それ以下の発生確率の異なる数洪水を選定し、想定氾濫計算を実施する。
洪水条件の流量規模は、無害流量よりも大きく、かつ計画規模を最大とする6ケース程度とする。
なお、確率規模の想定にあたっては、年平均被害額の区間確率が滑らかになるよう配慮する。

洪水流量規模（例）
1/3（無害流量）
1/5　1/10　1/30　1/50　1/100
1/150（将来計画）

②想定被害額の算定
以下に掲げる項目を対象に①の洪水ごとに想定氾濫区域内の流量規模別想定氾濫被害額のΣを算定する。

1. 一般資産想定被害額（家屋、家庭用品、事務所償却資産，在庫資産など）
2. 農作物想定被害額
3. 公共土木施設等の想定被害額
4. 営業停止の想定被害額
5. 家庭等の応急対策費用の想定被害額

④総費用の算定
施設整備に要する各年の建設費(c)を割引率(i)で現在価値化したものと、維持管理費(m)の「整備期間(s)＋50年間分」を割引率(i)で現在価値化した合計を総費用Cとする。

$$C = \sum_{t=0}^{s-1} \frac{c_t}{(1+i)^t} + \sum_{t=s}^{s+49} \frac{m_t}{(1+i)^t}$$

③総便益の算定
洪水ごとの②の結果に発生確率を乗じ、これを累計した年平均被害額(b)を算定する。
これを評価期間分「整備期間(s)＋50年間分」を割引率(i)で現在価値化した合計を総便益Bとする。

$$B = \sum_{t=0}^{s+49} \frac{b_t}{(1+i)^t}$$

費用便益比　B/C

図 3.7　治水事業の費用便益分析例 [20]

表 3.8 年平均被害軽減期待額[20]

流量規模	年平均発生確率	被害額 事業実施無 ①	被害額 事業実施 ②	被害額 軽減 ①−②	区間平均被害額	区間確率	年平均被害額	年平均被害額(b)の累計 = 年平均被害軽減期待額
Q_0	n_0 (1/3)			$d_0=0$	$(d_0+d_1)/2$	n_0-n_1	$b_1=(n_0-n_1)\times(d_0+d_1)/2$	b_1
Q_1	n_1 (1/5)			d_1	$(d_1+d_2)/2$	n_1-n_2	$b_2=(n_1-n_2)\times(d_1+d_2)/2$	b_1+b_2
Q_2	n_2 (1/10)			d_2				
					$(d_{m-1}+d_m)/2$	$(n_{m-1}-n_m)$	$b_m=(n_{m-1}-n_m)\times(d_{m-1}+d_m)/2$	$b_1+b_2\cdots+b_m$
Q_m	n_m (1/150)			d_m				

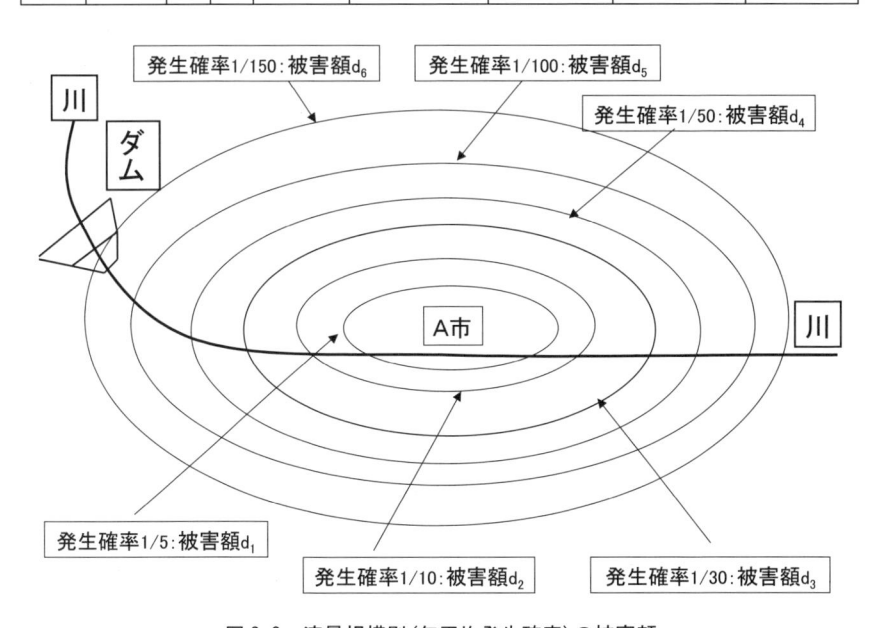

図 3.8 流量規模別(年平均発生確率)の被害額

第4章　契約と法規に関するマネジメント

4.1　契約の種類と特徴

4.1.1　契約の基本理念

　「契約」とは、①約束・約定②債権の発生を目的とする2人以上の当事者の意思表示と合致によって成立する法律的行為である。民法では「契約」は、2人以上の当事者間の対立する意思表示が合意することにより、成立する法律行為であると規定されている。

　このことからわかるように、2人以上の独立した当事者が対等の立場で、自由な意思表示の合致によってなされる約束とか約定が契約の基本理念である。このことはすべての契約に当てはまることであり、建設工事における契約もこの例外ではない。

4.1.2　建設工事の請負契約

　建設工事における請負契約も、当然「対等の立場で自由な意思表示の合致」によってなされるはずであるが、わが国の建設業の歴史や、受注産業、一品産業という特殊性、業者間の過当競争等により、発注者の意向が強く反映され、受注形態、契約内容が発注者側に有利に解釈して運用される傾向にあった。

　これには、発注者の意向に従い工事を完成させれば、最終的には、ある程度金銭的な面倒をみてもらえるという日本的感覚が強かったためと思われる。

　しかし、社会環境の変化や帰属団体の利益追求が強まるにつれ、契約の不明確さによる紛争が増大し、瑕疵の責任をはっきりさせる社会的要望や、大規模建設工事に伴うリスク回避のため、当事者間の合意を明確にすることが発注者、請負者双方から求められるようになってきた。

　このような背景から、建設業法に基づき昭和25年に制定された「建設工事標準請負契約約款」も、今日に至るまで必要に応じ改訂されて多くの工事契約で使用されている。

4.1.3 契約の種類と内容

公共の契約については会計法第29条の3に、次の一般競争契約、指名競争契、随意契約の3種類が定められている。

① 公告して申込みをさせることにより競争に付する場合(一般競争契約)
② 指名競争に付する場合(指名競争契約)
③ 随意契約

一般競争契約	：各省、各庁の長の定める資格が整っていれば、誰でも入札に参加でき、落札者の決定の条件に合ったものと契約する。
指名競争契約	：複数、特定の業者を指名し、工事の入札を行い、落札者の決定の条件に合ったものと契約する。
随 意 契 約	：契約の性質または目的が競争を許さない場合、緊急の必要により競争に付することができない場合、および競争に付することが不利と認められる場合、特定の業者と随意に契約する。

4.1.4 発注者・請負者の関係

発注者と請負者の関係を公共工事標準請負契約約款では、「各々の対等な立場における合意に基づいて、別添の条項によって請負契約を締結し、信義に従って誠実にこれを履行するものとする」と明記している。

この内容は、請負者は契約書記載の工事を工期内に完成し、発注者はこれに対し契約書記載の請負代金を支払うということで、その関係はお互いに信義に従って誠実に契約を履行することである。

4.1.5 工事請負契約約款

請負工事に関する契約は、工事請負契約書に必要事項を記入し、これに工事請負契約約款と図面を添付して行われる。

工事請負契約約款は、発注者、請負者対等の立場で合意した工事請負に必要な契約書履行のための条項である。現在では、工事1件ごとに発注者、請負者が協議して制定するのではなく、標準請負契約約款の一部を変更し使用している。

4.1.6 契約書の効力

建設工事の請負契約は、契約書記載の工事を工期内に完成し、発注者はこれに対し契約書記載の請負代金を支払うことを約束する契約であり、その内容は信義

に従って誠実に履行されるものである。

ただし、建設工事には、建築基準法、都市計画法、宅地造成等規制法等の制約を受けることもあるし、現在では関係法規に合致していても建築確認が得られないということもある。この場合契約の効力が問題となるが、許可・確認と契約の効力は別個だと解すべきである。

4.1.7 契約書の構成

通常われわれが契約書といっているものは契約書類のことで、契約書、契約約款、図面および仕様書で構成されている。請負代金内訳書、工程表、詳細図、原寸図等で契約締結後に提出・承認等のなされる図面も契約関係書類である。契約書類は、次のもので構成されている。

---
a.「建設工事請負契約書」 b.「契約約款」 c.「仕様書」
d.「設計図面」 e.「現場説明書」 f.「質問書・回答書」

4.1.8 契約図書の優先順位

現在施工中の工事、または完成した建造物で、発注者と請負者の間で仕様の違いとか、機能・寸法の違いによるトラブルが発生する例がある。発注者は意図するものと違うものができたというし、請負者は仕様通り作ったというものである。その場合、請負者は契約図書のどれを見て施工したかが問題で、契約図書がどれも同順位ということはないのである。

優先順位については、①建設工事請負契約書、②契約約款、③仕様書、④設計図面の順に位置づけられるが、不明な事項についてはよく調査検討して施工する必要がある。

4.2 工事請負契約の方法と手続き

4.2.1 官公庁入札制度の変遷

工事請負契約については、官庁工事と民間工事ではルールや基準の違いはあるが、官庁工事では一般に競争入札により実施され、民間工事では1社だけを指名して工事をさせる特命入札も実施されている。

わが国における入札・契約制度は、会計法の定めにより**表 4.1**に示すような変遷を経ている。

表 4.1 会計法の改正の経緯

明治 22 年 (1989)	会計法の 制　定	一般競争入札方式を原則とする
明治 33 年 (1900)	勅令	一般競争入札方式の例外に指名競争入札方式が採用される
大正 10 年 (1921)	改正	指名競争入札が規定されるとともに、国務大臣の判断により随意契約が可能となった
昭和 36 年 (1961)	改正	一般競争入札の参加資格の規定や指名基準の根拠規定の挿入が行われる
平成 6 年 (1994)	改正	一般競争入札方式の本格的採用と指名競争入札の改善が行われる

すなわち、明治 22 年(1989)に定められた会計法において「政府の工事又は物件の売買、賃借はすべて公告して競争に付すべし」と規定され、一般競争入札方式が原則とされた。しかし、法制定時に一般競争入札が行われたものの、その後、契約不履行や粗悪工事が多発したことを理由に、それまで例外として認められていた随意契約が主流になっていった。

この随意契約も、不透明な契約方式で不正の温床となっているということから、明治 33 年(1900)の勅令において、一般競争入札の例外として指名競争入札方式が導入された。

現在の会計法においては、「特に必要がある場合においてせり売りに付するときを除き、入札の方法をもって、これを行わなければならない」とし、「一般競争入札制度」「指名競争入札制度」「特命入札制度」の 3 種類を定め、それぞれについて運用方法が規定されている。

4.2.2　入札の種類

入札制度には一般競争入札、指名競争入札、特命入札の 3 種類があり、次のような特色を持っている。

(1)　一般競争入札

公示の概要等を示した公告をして、入札参加を希望するすべての者により競争を行わせ、最も低い価格の入札者を落札者とする契約方式である。一般競争参加者の資格が整っていれば誰でも参加できる。

(2) 指名競争入札

工事の規模、工事の難易度等を発注者が勘案し、その工事を完成させる能力のある複数、特定の業者を指名し、工事の入札を行うものであり、信用と技術力の高い業者を発注者が指名できるなど多くの利点を持っている。業者としては、指名を受けるために自社の経歴、工事完成能力、技術力などの資料を添付した「建設工事入札参加資格審査申請書」を準備しておく必要がある。

(3) 特命入札

指名を複数でなく特定の1社に行い工事を請け負わせる入札で、民間工事で適用される。官庁工事の随意契約がこれに相当する。

特命入札は業者の施工技術水準、技術開発能力、施工実績、営業的つながり、企業系列、知名度などより行われる。老舗・名門の業者は、伝統と実績、施工技術力などから特命入札の比率が高いといわれている。

4.2.3 WTO協定による入札・契約制度の改革
(1) ウルグアイラウンドとWTO協定

わが国における公共事業の入札・契約制度については、現在、制度の改革が行われているところであるが、これには、ウルグアイラウンド(ガットによる多角的貿易交渉)により成立したWTO協定(World Trade Organization：世界貿易機関)が大いに関わっている。

ガット(GATT：General Agreement on Tariffs and Trade)は、第2次世界大戦後の世界経済の停滞を改善し自由貿易の確立を目指して昭和23年(1948)に23カ国が集まって作られた協定であり、国際通貨基金(IMF：International Monetary Fund)と国際復興開発銀行(IBRD：International Bank for Reconstruction and Development)とともに戦後の世界経済を支えた柱であった。しかし、この協定は「関税と貿易に関する一般協定」で国際機関ができるまでの暫定措置としての性格を有するもので、法的拘束力を有するものではなかった。

そこで、この協定の実効性を維持し国家間の紛争処理を行う国際機関として、平成6年、ウルグアイラウンドにおけるマラケシュ閣僚会議でWTO協定が締結され、その翌年にWTOが設立された。

WTO協定において重要なことは、物品の関税引き下げに加え、サービス貿易や知的所有権も協定の対象に加えられたこと、および、政府調達は原則として内外無差別とし、この中に設計コンサルタントと建設工事(建設サービスとして表記)がサービス貿易のひとつとして対象に加えられたことである。

(2) WTO協定と政府調達協定

WTO協定は、正式には「世界貿易機関を設立するマラケシュ協定」と呼ばれ、その中に、「サービス貿易に関する一般協定」と「政府調達協定に関する協定」が規定されている。このうち、わが国の公共建設事業(政府調達)に関係するものとしては次のものがある。

① 物品の調達に加えて建設工事と設計コンサルタント業務が含まれた。
② 国の機関に加えて都道府県と政令指定都市および政府関係機関などの調達が加えられた。

この結果、WTO協定の対象となる工事は**表4.2**のように定められた。

表4.2 政府調達協定の基準金額

対象機関	建設工事	設計・コンサルタント
政府機関	450万SDR	45万SDR
都道府県および 政令指定都市	1,500万SDR 1,500万SDR	150万SDR 150万SDR
その他の機関 日本郵政を除くA群の機関 日本郵政およびB群の機関	1,500万SDR 450万SDR	45万SDR 45万SDR

SDR(特別引出権):IMFの国際準備資産の共通標準単位
　　　　　　　　ユーロ、英ポンド、米ドル、円の一定期間の加重平均による。
　　　　　　　　邦貨換算額 2008年4月　1SDR＝175円
その他の機関:協定書(附属書1の付表3)に定められた政府関係機関など
　　　　　　・A群:高速道路各社、JR各社、独立行政法人など73機関
　　　　　　・B群:その他の独立行政法人など63機関

4.2.4　入札制度の改正

公共工事の入札・契約制度はこれまでは、ほとんどが指名競争入札によって運用されていたが、談合問題などの不祥事が多発してきたことより、不正の起こりにくい入札の構築を目的として、平成12年10月に「公共工事入札契約適正化促進法」の制定がなされた。

これを契機に、指名競争入札の改善、一般競争入札の拡充強化などの制度の改革が進められ、対象工事の性格、建設業者の状況等に応じた最適な方式を、新しい視点に立って選択することができるように改正された。

(1) 一般競争入札の拡充強化

指名競争入札は、企業に参加意欲があっても排除されてしまう、競争参加者が限定されるため談合等の不正行為を招く恐れが高い、といった問題が指摘されて

おり、公正な競争性と透明性を図る観点から、受注意欲と技術力のある企業が広く競争に参加できる一般競争入札の適用拡大が求められた。

同時に、工事の品質確保の観点から、確実に施工が可能と判断される業者を選定し、不良・不適格業者の排除がなされる条件整備が求められた。

このようなことから、現状としては表4.3に示すように、発注金額を基準として一般競争、公募型指名競争入札、工事希望型指名競争入札、通常の指名競争入札、随意契約と発注方式を使い分けている状況にある。

表4.3 国土交通省における入札方式(土木工事：平成18年度)の例

発注金額	入　札　方　式
7.2億円以上	一般競争(WTO調達協定対象)
7.2億～2.0億円	一般競争入札(WTO調達協定対象外)
2.0億～0.5億円	公募型指名競争入札
0.5億～250万円	指名競争入札、工事希望型競争入札
250万円以下	随意契約

(2) 指名競争入札の改善

指名競争入札は、実績のある誠実な業者を指名することにより、質の高い工事を確保できることや、過当競争を抑制し中小企業の受注機会の確保に配慮することができるといった利点がある。

しかし、業者指名の過程が不透明で、発注者側の恣意的な運用がなされる恐れがあることや、指名が一方的な行為であることから発注者と受注者の対等性が確保しにくいこと、談合が行われやすいこと、指名辞退がしにくいことから、指名競争入札の改正が行われた。

改正の骨子は次の通りである。
① 一般競争入札に不向な中小工事に指名競争入札を適用する。
② 指名基準、運用基準の公表、指名競争業者ならびに入札経緯と結果の公表、入札辞退の自由を確保する。
③ 入札参加希望の業者から簡単な技術情報の提出を求める公募型、選定された業者に簡単な技術資料の提出を求める工事希望型の導入により、入札参加意欲の確認ができる。

> 公募型指名競争入札
>   ① 対象ランク、工事実績等の具体的指名基準の考え方を含め工事概要を事前に公告する。
>   ② 入札意欲のある業者より、工事実績、配置予定の技術者の簡単な技術資料を提出させる。
> 工事希望型指名競争入札
>   ① 対象ランク業者から、事前に登録された希望工種、工事実績、工事規模、地域的特性を中心に20社程度の業者を選定する。
>   ② 選定された業者に工事実績、配置予定の技術者等の簡単な技術資料の提出を求める。
>   ③ 技術資料に基づき10社程度を指名する。要請あれば非指名の理由を説明する。

4.2.5 新しい入札方式

平成10年(1998)の中央建設審議会の建議において、「民間において固有の技術を有する工事等を対象として、民間の技術力を広く活用することにより、品質の確保、コスト縮減を図る」という方向性が打ち出され、技術提案を受け付ける入札方式を導入し、技術力による競争を促進することが必要であるとされた。

これを受けて、VE方式、技術提案型競争入札、技術提案型総合評価方式、設計施工一括発注方式、性能規定発注方式などの新しい入札方式が導入された。

> 設計時：①設計VE方式
> 入札時：②技術提案型競争入札　　③技術提案型総合評価方式
> 　　　　④設計施工一括発注方式　⑤性能規定発注方式
> 施工時：⑥契約後VE方式

また、平成17年4月、「公共工事の品質確保の促進に関する法律(品質確保法)」が施行され、同年8月には「公共工事の品質確保の促進に関する施策を総合的に推進するための基本方針」が閣議決定された。

これにより、より安全で品質の高い社会資本整備を進めていく方針が明確にされ、一般競争入札と総合評価方式の拡充強化が進められることになった。

以下には、VE方式、技術提案型競争入札、技術提案型総合評価方式、設計施工一括発注方式、性能規定発注方式の概要を述べる。

(1) 設計 VE 方式

VE の検討時期は、基本設計の着手前後と詳細設計の着手前後の 4 つのケースがある。この方式によるコスト縮減率の実績は、数％から 20～30％といわれている。

(2) 技術提案型競争入札方式

比較的高度または特殊な技術を要するとともに、民間において技術開発の進展が著しい技術や施工方法等に関して固有の技術を必要とする工事で、コストの縮減が可能となる技術提案が期待できるものを対象とする。

工事の入札段階で、設計図書による施工方法の限定を少なくし、施工方法等について技術提案を受付審査した上で競争参加者を決定して、その提案に基づいて入札し、価格競争により落札者を決定する。

(3) 技術提案型総合評価方式

同種工事の実績等の審査により競争入札の参加者をあらかじめ決定し、入札時に施工法等の技術提案と価格提案に対して、工期、安全性、価格等を総合的に評価し決定する方式である。

この方式は、施工期間の制約が強いもの、環境への影響に特に配慮すべきもの、特別な安全対策を講ずることが必要なものなど、価格以外の要素を特別に重視しなければならない工事に適用される。

(4) 設計施工一括発注方式

「高度または特殊な技術を要するとともに、施工技術の開発が著しい工種で、設計技術が施工技術と一体で開発されるなどにより、個々の業者等が有する特別な設計・施工技術を一括して活用することが適当なもの」を対象とする。設計施工分離方式の例外で、概略の設計案を受付、価格のみの競争または総合評価により決定された落札者に設計施工を一括して発注する方式である。

(5) 性能発注方式

構造物の必要な性能を規定した上で、その性能を満足することを要件にして発注を行う方式で、使用材料や施工方法は受注者が自ら決めるものである。低騒音舗装(路面騒音値を規定)で試行されている。

表 4.4 性能発注方式の要求性能の例 [12]

項目	完成時	1年後
対塑性変形	動的安定度 4,500 回/mm 以上	規定せず
排水性	現場透水試験 1,000mm/15 秒以上	規定せず
平坦性	各車線ごとに σ2.4mm 以内	規定せず
騒音値	騒音測定車を用いて、各車線ごとに走行速度 50km/h で測定し、全車線の平均値が基準値 89db(A) 以下	左記の測定法により全車線の平均値が 90db(A) 以下

(6) 契約後 VE 方式

コスト縮減が可能となる技術提案が期待できる工事を対象にして、契約後、受注者が施工法等について技術提案を行う方式である。採用された場合、提案に沿って設計図書を変更するとともに、提案にインセンティブを与えるため、「コスト縮減額の一部に相当する金額(通常 50%)を受注者に支払う」ことを前提として契約額の変更を行う。

4.2.6 施工条件の明示

不確定要素の多い土木工事では、予定価格を算出した根拠になる施工条件の明示が必要である。これは官公庁工事では、現行の契約制度上、予定価格をオーバーして契約することは許されないため、発注者側が、どのような条件のもとで、予定価格を積算したか業者側は十分理解し、同一の条件で適正な見積価格を算出する必要があるためである。

施工条件の明示について各地方建設局宛通達が出されている。その通達の目的は、対象工事を施工するにあたって、制約を受ける当該工事に関する施工条件を設計図書に明示することによって、工事の円滑な執行に資することを目的としている。

明示項目としては、次のような項目が挙げられている。

主要な施工条件の明示項目

a.「工程関係」 b.「用地関係」 c.「公害対策関係」 d.「安全対策関係」
e.「工事用道路関係」 f.「仮設備関係」 g.「残土、産業廃棄物関係」
h.「工事支障物件等」 i.「排水工関係」 j.「その他」等

4.2.7 入札・契約に関わる保証制度

　官庁工事では入札により落札者が決まると、「公共工事標準請負契約約款」に準拠し、「建設工事請負契約書」を結ぶことになる。

　これまで契約の保証にあたっては、発注者に対する第三者の保証が必要で、金銭保証人か工事完成保証人のいずれかを立てることが義務づけられていた。この工事完成保証人制度は工事の完成を保証するという役務的保証制度であり、経済的負担なしで、工事の完成を確保できるという面で発注者にとって大きなメリットがあった。

　しかし、本来競争関係にあるべき業者が、何らの対価なしに他の業者の保証を行うという不自然さや、相指名業者が保証人になる場合、落札者よりも高い価格で応札したものが工事を引き受けるという不合理さが指摘されていた。

　このため、平成7年にこの制度が廃止され、次の5つの保証方法の中から1つを選択することと改正された。

① 契約保証金
② 有価証券等（国債、有価証券等）
③ 金融機関や前払保証事業会社による保証
④ 公共工事履行保証証券（履行ボンド）
⑤ 履行保証保険（証券）

　また、最近の一般競争入札や総合評価方式の適用拡大に対する条件整備として、入札時の入札保証に対して入札ボンドの導入が図られることになり、平成18年9月8日付の通達により、一部国土交通省直轄工事を対象に実施されている。

［入札ボンド］
　保証会社や金融機関等で発行される履行保証の予約的機能を有する証書または、入札者が契約を結ばない場合の損失等を保証する証書。

［履行ボンド］
　保証会社が工事不履行による発注者の損害を請負者と連帯で保証する証書で、金銭保証か役務保証によって行うもの。

［履行保証保険］
　損害保険の一種であり、役務保証ではなく事前契約の範囲で保険金を支払うもの。

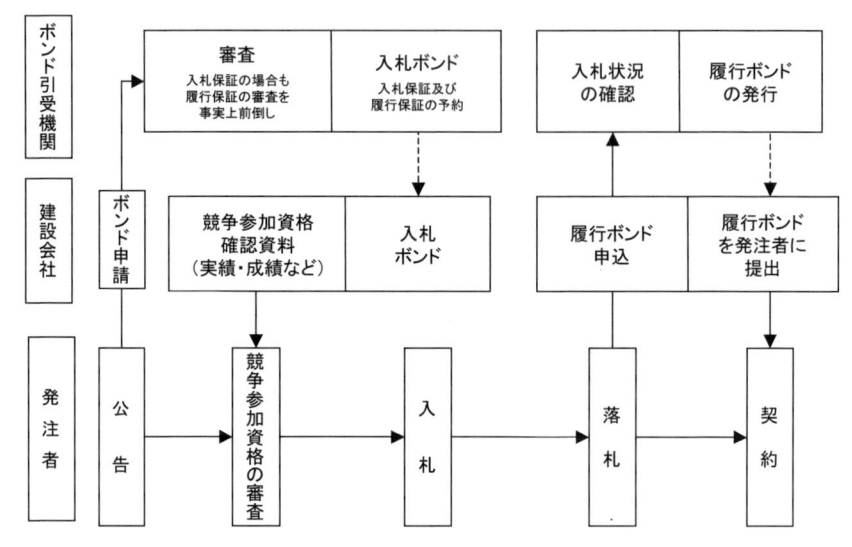

図4.1 入札ボンドと履行ボンドの位置づけ

4.2.8　公共工事の請負契約の手順例

　指名競争入札方式を対象にして、**図4.2**に、公共工事の立案から着手までの手順を、発注者・請負者側に分けて示す。

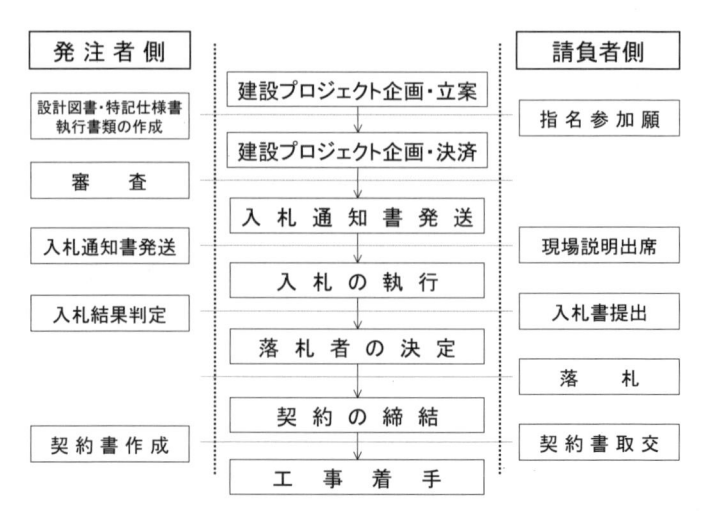

図4.2　公共工事の請負契約の手順例（指名競争入札）

4.3 契約約款運用上の考慮すべき要点

　建設工事のほとんどが、屋外で機械や人力を使ってかなりの期間にわたって行われるものであることから、その施工途中において施工条件が契約で想定していたものと異なっていたり、第三者に加害したり、また賃金物価の著しい変動があったりして工事の施工をそのまま継続することが困難になるケースも予想される。

　公共工事においては、公共工事標準請負約款において、これらの事態を発注者、請負者が共同して解決すべきことを規定している。

　民間工事については、特命入札、設計施工工事が多く、「一括増減なし」的な契約が一般的である。ただし、特記仕様書で賃金・物価の変動等の規定を設けている例もあり、発注者・請負者が協議する場が設けられている。

　そこで、公共工事標準請負契約約款の中で運用上よく問題となる次の 10 項目について説明する。

4.3.1　公共工事標準請負約款
(1)　条件変更について（第 18 条）
　設計図書に示された施工条件と地質・湧水等の状況が実際と異なったり、設計図書に明示していない施工条件について予想もしない特別の状態が生じたりしたときは、少なくとも施工条件を変更して対処しなければならない。

　時には工事目的物それ自体を変更しなければならないこともあるので、発注者・請負者ともに共同して契約内容を変更し、請負代金額・工期の変更を行うことを規定している。

(2)　工事の変更、中止等について（第 20 条）
　発注者の都合による工事内容の変更または工事の施工を中止した場合、その工期または請負代金額の変更を規定している。また、発注者が用地の確保ができないときなどの場合、工事の中止を指示すべき義務を規定している。

　工事内容の変更や工事中止などにより請負者に増加費用または損害を与えたときは、発注者は別途に費用負担または損害賠償すべきであると明記している。

　請負者の損害には、次のものが考えられる。
　① 労働者の待機および募集、解散費用
　② 不要化した工事材料の売却損失
　③ 不要化した仮設物の損失

④　不要化した建設機材材料や返送費、待機中の損料
(3)　賃金・物価の変動について（第25条）

　大型工事の増加に伴い、契約締結時から工事完成までの期間も長期化し、その間における賃金・物価の変動により契約当時の請負代金額が不適当となる事態もかなり発生する。

　公共工事の請負代金額決定が時価積算の考え方で、発注時点に最も近い時点の労賃・物価を基準として予定価格積算がなされている現状では、これらのいわば事情変更による負担は、発注者・請負者の間で明確にすべきであり、次の3項目が規定されている。

　(a)　スライド条項

　契約締結後12カ月を経過した後、変動前と変動後の残工事代金額の差額が変動前残工事額の1.5%を超える場合。

　(b)　単品スライド条項

　特別の要因により一部の建設資材の価格のみが変動し、契約締結後1年を待たずして請負代金額が不適当となった場合。

　(c)　インフレ条項

　工期の如何を問うことなく工期内に賃金・物価の水準が大きく変化し、請負代金額が著しく不適当となった場合。

(4)　第三者に及ぼした損害について（第28条）

　建設工事は、その特性から第三者に与える影響も大きく、特に最近は公害に関する市民の認識の向上もあいまって社会問題となる場合が多い。これらの損害（騒音、振動、地盤沈下など）は発注者の事業の執行そのものから生ずるもので、その場合は発注者が負担しなければならない。

　しかし、工事の施工に関して請負者の不注意、故意または過失により第三者に損害を与える事例（善良な管理者の注意義務）も時折生じるが、これらは請負者の負担とすることを規定したものである。

　いずれの場合においても、第三者との間の紛争処理については発注者・請負者ともに協力して処理解決にあたるべきである。

(5)　天災不可抗力による損害について（第29条）

　暴風、豪雨、洪水、騒乱など通常の予想をこえた自然的人為的な不可抗力による損害が発生した場合には、原則として現場管理責任は請負者にあるものの、公共工事の予定価格積算の仕組みからみて、工事の出来形部分・工事の仮設物・現場搬入済の工事材料・機械等についての損害の補填は、請負代金額の1%までは

請負者、それを上回る額は発注者の負担として処理するものとしている。
(6) 請負代金の支払い（第32条）
　請負者は、検査に合格した場合、書面により請負代金を発注者に請求することができる。発注者は、この請求を受けた場合、その日から起算して40日以内に請負代金を支払わなければならない。
(7) 瑕疵担保について（第44条）
　工事目的物を発注者の期待通りに完成して引き渡すことが請負者の本来の責務であるが、本項目は工事目的物に漏水、クラック、沈下などの瑕疵に対する担保期間、処理方法などを定めている。
　標準的な期間として、次のように定めている。

木造建物など	引渡後　1年
コンクリート建造物または土木工作物	引渡後　2年
設備工事など	引渡後　1年

　ただし、瑕疵が請負者の故意または重大な過失により生じた場合には、更に長く10年までの範囲で決めることができる。
　なお、住宅の品質確保の促進等に関する法律に基づく特例により、住宅を新築する請負契約において、構造耐力上主要な部分および雨水の浸入を防止する部分については、引渡後10年間にわたる瑕疵責任を負うと規定されている。
(8) 履行遅滞の場合における損害金等（第45条）
　請負者の責任で工期内に工事を完成することができない場合で工期経過後相当の期間内に完成する見込みのあるときは、発注者は、請負者から損害金を徴収して工期を延長することができる。
　この損害金の額は、請負代金額から引渡し部分に相当する請負代金額を差し引きし、遅延日数に応じて年〇〇％の割合で計算した額とする。また、発注者の責任で請負代金の支払いが遅れた場合、請負者は、未受領金額につき、遅延日数に応じて年〇〇％の割合で計算した額の遅延利息の支払いを発注者に請求できる。
(9) 公共工事履行保証証券による保証の請求（第46条）
　公共工事履行保証証券による保証によって請負が付された場合、発注者は保証人に対し、以下の場合、他の建設業者を選定し、工事を完成させるよう求めることができる。

① 工期内または工期経過後相当期間内に工事を完成する見込みがないと明らかに認められる場合
② 正当な理由がないのに、工事に着手すべき時期を過ぎても工事に着手しない場合
③ 契約に違反し、その違反により契約の目的を達することができないと認められる場合
④ 主任技術者の設置を怠った場合
⑤ 請負者が一方的に契約解除を申し出た場合(請負者は設計図書等の変更により請負代金が2/3以上減少した場合や、全面的な工事施工中止期間が工期の十分の〇〇を超えるときは解除を申し入れることができる)

(10) 紛争の解決(第52〜53条)

発注者・請負者が協議して定める事項で両者の協議が整わない場合、あらかじめ選任された調停人に斡旋してもらう。

しかし、この調停人が斡旋を打切った場合は、建設業法による中央または都道府県の建設工事紛争審査会の斡旋または調停により解決を図るものとする。この紛争処理に要した費用は、特別の取決めをしたものを除き各自負担する。

4.4 欧米の契約制度

欧米主要国の建設市場は、自由競争が原則とされているが、公共工事の場合は、わが国と同様に何らかの資格審査による選別がなされている。各国とも民間工事は随意契約が主体であるが、公共工事の入札および契約制度には、各国それぞれに特色がある。

わが国は、法制的にはフランスの公共契約法にならって会計法体系を作ったといわれているが、運用の実態は、指名競争入札が主流である。

米国は、ボンド(保証)制度を前提とした一般公開入札を基本として、事前または事後の資格審査が行われる。

英国は、わが国の指名競争入札に似た制度である。フランスは、一般公開入札、指名競争入札、随意契約の3本柱であったが、最近では、指名公募型入札が主流となってきている。

ドイツも、一般公開入札、指名競争入札、随意契約の3つがあるが、実態は、一般公開入札、指名競争入札が工事ごとの事情に合わせて使われている。

4.4.1 米国の入札・契約制度

米国は連邦国家であり、連邦政府と州政府の発注する建設工事の入札・保証制度は異なる。また、連邦政府の各機関や各州政府間の制度の違いはかなり大きく、一般的な場合についての概要を述べることにする。

(1) 連邦政府の場合

連邦政府は、物品、工事、サービス等の調達を規制するため Federal Acquisition Regulation（連邦調達規則、FAR と略称）を定めている。

連邦政府の建設工事は、受注を希望する建設業者に対して事前資格格審査は要求しないが、実質的には入札ボンドがその機能を果たしている。なぜならば、入札ボンドの取得にあたり、ボンド会社（保証会社）による徹底した信用調査が行われるからである。

入札は公告に基づき一般競争入札で行われ、入札ボンドは、入札価格の20％か300万ドルのいずれか少ない額が必要である。最低価格入札者が落札し、その後審査があり、合格すると受注できる。

また、契約にあたっては、契約金額の100％履行ボンドと契約金額に応じて40～50％の支払ボンド（支払方法や契約の規定に基づき、下請業者や資材業者への支払を保証する証書）が必要である。

(2) 州政府の場合

多くの州で入札者の事前資格審査（Pre Qualification、PQ と略称）が必要である。入札希望者は、資金能力と実績を示す書類と財務諸表を政府機関に提出しなければならない。これは、年1回または政府機関の要求があった場合に提出する。

政府機関は、各入札者ごとに資格があると考えられる工事の種類と金額を設定し、その限度においてのみ当該入札者に事前資格審査による資格（工事限度額）を認定する。

つまり、入札者は、今回工事の入札額と州の手持工事額との合計が、その事前資格審査で得た工事限度額を上回らないようにしなければならない。一部の州では、建設業許可制を実施している。

入札は、公告に基づき一般競争入札で行われ、入札ボンドは、入札価格の5～10％である。原則として最低価格入札者が落札し、その後審査があり、合格すると受注できる。また、契約にあたっては、契約金額の100％履行ボンドと支払ボンドが必要である。

4.4.2 英国の入札・契約制度

英国で広く採用されている入札方法は、指名競争入札であり、その基準となっているのが、NJCC 基準(The National Joint Consultative Committee for Building：国家建築合同諮問委員会)である。入札の形態は、単段階選択入札と大規模なプロジェクトの場合の二段階選択入札から成る。

(1) 単段階選択入札

発注者が企画、設計を行い、設計が完了した段階で建設業者を選定し入札を行う。

(2) 2段階選択入札

発注者が、プロジェクトの設計が完了する以前の企画立案の段階から早期に建設業者の専門的知識が望まれる場合に採用される。第1段階は、単段階選択入札と同様に落札者を決定する。この落札者が発注者側と共同してプロジェクト全体の設計・施工図の完成と第2段階入札の詳細な工費算出を行い、両者が合意すると工事契約が成立する。

落札履行保証については、一部の官庁において契約額の10%の履行保証(多くは銀行保証)を要求するが、一般の政府工事契約約款では、履行保証の規定はとられていない。

4.4.3 フランスの入札・契約制度

フランスの公共工事の入札方式は、一般競争入札、制限付競争入札、随意契約の3種類がある。この他に提案募集方式(公開式、制限式)がある。このうち、制限付提案募集方式は約95%以上を占めている。

提案募集方式は、フランス独特のもので、その特徴は原価が高くても、建造物として価値あるもの、新技術を使ったものを採用できる点にある。以前は、公共工事はすべて一般競争入札であり、価格は安いけれども質の悪いものができることも多かったこともあり、この方式が採用されるようになってきた。

提案募集方式においては募集要項が公示され、入札希望者は期限内に一定の様式により応募する。このうち公開式は、この応募者の中から入札価格、技術力、資金力等を総合的に勘案して落札者が決定される。

制限式は、発注者はあらかじめ候補業者をある程度絞ったリストを持っており、応募状況をみて最終的に入札を呼び掛ける業者を3～8業者に決めて入札するものである。入札者の選定については定型的な資格審査制度はなく、財務能力、技術能力等の審査により決定している。

入札保証はなく、履行保証は通常、契約金額の3〜5％で、毎月の工事代金の支払分の3〜5％が留保される。

4.4.4　ドイツの入札・契約制度
　ドイツの公共工事の入札方式は、一般競争入札、制限付競争入札および随意契約がある。一般競争入札が原則であるが、実際には制限付競争入札がかなり行われている。一般競争入札は事前審査がないが、制限付競争入札は、事前審査が行われる。この場合、入札参加者の専門知識、工事能力、過去の工事実績等の審査を行い、確実な施工が見込める業者に入札への参加資格を認めるのである。
　入札は、価格が安いだけでなく、技術的な要請を満たし、形態や機能の面からも最も妥当と思われる入札者に落札される。入札保証はなく、履行保証は銀行保証が多く、契約金額の5％以内に抑えることや、信頼があり確実な建設業者には、履行保証の全部または一部の免除規定がある。

4.4.5　欧米主要国における入札・契約制度の比較
(1)　入札制度
　① 概して制限付競争入札が多い。
　② 予定価格は目安であり、絶対的なものではなく、必ず最低入札者が落札するとは限らない。
(2)　請負契約約款の比較
　履行保証、条件変更、履行遅滞、瑕疵担保、支払条件の違いを述べる。
　(a)　履行保証
　欧米ではボンド会社または銀行による履行保証制度が大勢を占めており、保証額も国によって様々である。
　(b)　条件変更
　わが国では、設計図書と工事現場の状態とが一致しない場合も含めて、広範囲の条件変更を認めて、発注者の主導により何らかの措置が取れるようにしてある。欧米では、経験ある請負者が予見できる範囲を超える場合や人為的障害物に遭遇した場合にのみ追加費用を認めている。

表4.5 日・米・欧の公共工事の入札方式[10]

	資格審査	入　札	契　約	保証と支払い
日本	事前資格審査あり。完成工事高、経営規模などを審査し、有資格者名簿を作成する。	原則として一般競争入札で、一部指名競争入札も実施されている。例外として随意契約も行われている。	発注者の定める予定価格以下の最低価格入札者と契約する。総合評価方式では他の技術的条件等を加味し落札が決定される。	入札保証は入札価格の5%で免除規定あり。履行保証は契約額の10%。支払いは前途金や出来高払い。
米国連邦	事前審査はないが最低価格入札者は的確性の審査を受ける。民間のボンド会社の入札保証が審査機能を果たす。	原則として一般競争入札で一部随意契約を実施。入札時に入札ボンドの提出を義務付ける。	最低価格入札者について的確性を審査した上で契約する。	入札保証は入札価格の20%または300万ドルの少ない額。履行保証は契約額の100%。支払保証は契約額に応じ40〜50%。支払いは毎月の出来高払い。
米国州	ほとんどの州で事前資格審査制度が採用されている。ボンド会社の入札保証が事前審査の機能を果たす。	原則として一般競争入札で、入札時に入札ボンドの提出を義務付ける。	原則として最低価格入札者と契約する。	入札保証は入札価格の5〜10%で、履行保証と支払保証は契約額の100%。支払いは2週間ごとの出来高払い。
英国	事前資格審査あり。発注機関ごとに企業を技術力、工事実績等によりグループ分けした公共工事請負資格承認名簿を作成する。	原則として単段階選択入札制で、あらかじめ資格審査の上作成した資格名簿から複数の業者を選択し、その中の入札希望者について、財務や施工能力を確認した上で選定する。	原則として最低価格者に契約明細書を提出させ、内容を確認した上で契約する。	入札保証はなく、履行保証は政府工事契約ではない。ただし、一部官庁では契約額の10%以内。支払保証は履行保証に含まれる。支払いは毎月の出来高払い。
フランス	事前資格審査に一定の方法はない。建設業資格認定格付機構の証明書を参考にすることはある。	一般競争入札、制限付競争入札、随意契約の併用であるが、最近では制限付提案募集方式が大部分で残りが競争入札である。	最低価格だけでなく、他の技術的条件等を加味し落札が決定される。	入札保証なく、履行保証は契約額の3〜5%の銀行保証が多い。支払いは毎月の出来高払いである。
ドイツ	事前資格審査あり。制限付競争入札の場合、発注者が有資格者のリストを作成する。	一般競争入札、制限付競争入札、随意契約の併用であるが、原則的には一般競争入札である。	最低価格だけでなく、他の技術的条件等を加味して落札者が決定される。	入札保証なく、履行保証は契約額の5%以内の銀行保証が多い。支払いは毎月の出来高払い。

(c) 履行遅滞

欧米では、工期内に実質的完成があれば遅延とはならないが、わが国では、工事も終了したときが完成と考えられている。

(d) 瑕疵担保

わが国の約款では補修と損害金を請求できるよう定めている。欧米においては、補修を目的とした定め方をしている。また、瑕疵担保期間終了時に発注者による検査があるのも欧米の特徴である。

(e) 支払い

欧米の場合、出来高払いで毎月支払いが行われる。前渡金のある場合は、この支払いから一定の割合で返納される。わが国では部分払いを工期中数回に分けて行い、前渡金は第1回の部分払いという性格を持つ。

4.5 関連法規

4.5.1 日本の法制度の仕組み

日本の法制度の仕組みとしては、国の最高法規である憲法、国会の制定する法律、内閣が閣議において決定する政令、各大臣が定める省令があり、その規制は下部ほど詳細となっている。

法律は憲法に次ぐ拘束力を持った法規であり、国家・国民の新しい法規を定めるのはほとんど法律によって決定される。

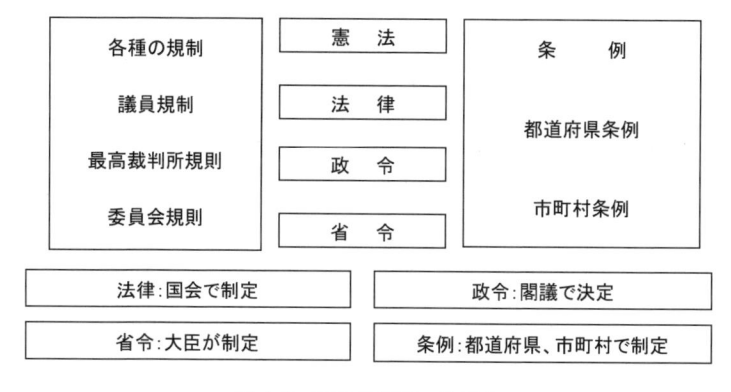

各種の規制	憲　法	条　　例
議員規制	法　律	都道府県条例
最高裁判所規則	政　令	市町村条例
委員会規則	省　令	

法律：国会で制定	政令：閣議で決定
省令：大臣が制定	条例：都道府県、市町村で制定

図 4.3　国の法制度の仕組み

4.5.2 わが国の土木行政

わが国においては国家作用の権力集中を避けるため、三権分立主義を掲げており、司法に関しては裁判所、立法に関しては国会、行政に関しては内閣に権限を委ね、権力のバランスを図っている。

行政とは「法の下にあって公の目的を達成するための国家作用で、法の制限を受けながら、社会秩序および国民生活を未来に向かって具体的に創造し、形成する国家活動である。」といわれている。

土木行政は「土木」という分野を対象とする行政であり、国民生活の向上を目的として行われている。しかし、「土木」の明確な定義づけは明確ではなく、その範囲も単なる土木の分野だけではなく、環境保全、公害防止という分野まで包括している。

4.5.3 建設事業に関わる法制度

建設事業を行うにあたっては各種の法律により規制され、国土の環境保全、建設業の健全な発展、作業従事者の安全確保等を図っている。

これらの法律は相互に関連性を持っており明確に分類することは難しいが、便宜上、主だった法律を分類すると表4.6のようになる。

表4.6　建設事業に関わる関連法規

分類	法律
建設産業 に関する法律	建設業法、建築基準法、会計法、官公需法、労働基準法、労働安全衛生法、測量法、火薬類取締法など
国土利用 に関する法律	国土総合開発法、国土利用計画法、土地基本法、土地収用法、都市公園法など
国土保全 に関する法律	河川法、海岸法、港湾法、砂防法、公有水面埋め立法、地すべり等防止法、水防法、砂利採取法、特定多目的ダム法など
運輸 に関する法律	道路法、高速自動車国道法、自動車道建設法、道路交通法、港湾法、港則法、鉄道事業法、新幹線整備法、航空法など
都市整備 に関する法律	都市計画法、都市再開発法、都市公園法、建築基準法、土地区画整理法、宅地造成規制法、水道法、下水道法、総合保養地域整備法など
環境保全 に関する法律	環境基本法、循環型社会形成推進基本法、大気汚染防止法、水質汚濁防止法、土壌汚染対策法、騒音規制法、振動規制法、自然環境保全法、廃棄物の処理および清掃に関する法律など
資格 に関する法律	建設業法、測量法、建築士法、技術士法、電気工事士法など

それぞれの法律の詳細については専門書に譲るものとして、ここでは建設事業の根幹をなす建設業法について述べる。

4.5.4 建設業法の目的と構成
(1) 目 的
　この法律は建設業を営む者の資質の向上、建設工事の請負契約の適正化などを図ることによって、建設工事の適正な施工を確保し、発注者を保護するとともに、建設業の健全な発達を促進し、もって公共の福祉の増進に寄与することを目的とする。

(2) 建設業の許可制度
　建設業を行う業者の資質の向上を図るために、施工能力、資金力等の信用がある者に限りその営業を認めることを目的として制定された規制で、軽微な建設工事のみを請負うことを営業とする者を除き、建設業を営もうとする者は建設業の許可が必要である。

　2つ以上の都道府県の区域内に営業所を設ける場合は国土交通大臣、1つの都道府県にのみ営業所を設ける場合は都道府県知事の許可登録が必要である。

軽微な建設工事
　工事一件の請負代金の額が建築一式工事にあっては1,500万円に満たないこと、または、延べ面積が 150m² 未満に満たない木造住宅工事、建築一式工事以外の建設工事にあっては500万円に満たないこと。

(a) 特定建設業と一般建設業
　許可登録は特定建設業と一般建設業に分かれており、特定建設業は、一定額(土木は3,000万円、建築は4,500万円)以上の工事を下請けに出すことができる。

(b) 業種と指定建設業
　建設業は施工内容の種別により28業種に分かれていて、業種ごとに許可登録が必要である。このうち、総合的な施工技術や高度な専門技術を要する業種を指定建設業という。

表4.7　建設業の28業種

指定建設業	土木工事業	指定外建設業	大工工事業	浚渫工事業	熱絶縁工事業
	建築工事業		左官工事業	板金工事業	電気通信工事業
	電気工事業		とび・土工工事業	ガラス工事業	さく井工事業
	舗装工事業		石工事業	塗装工事業	建具工事業
	管工事業		屋根工事業	防水工事業	水道施設工事業
	鋼構造物工事業		タイル、レンガ、ブロック工事業	内装仕上工事業	消防施設工事業
	造園工事業		鉄筋工事業	機械器具設置工事業	清掃施設工事業

(3) 建設工事の請負契約の規定

　請負契約に関する法律の規定としては、民法の請負契約に関する規定がある。この規定では、建設工事の発注者と請負業者との間で自由に契約内容を設定することができるようになっている。

　しかし、建設工事の契約は、注文生産という建設工事の特性から発注者側に有利な契約となる傾向にある。したがって建設業法においては、発注者と請負業者が対等の立場で請負契約を締結できるように規定している。

　以下に、その主な規定項目を列記する。

---
a.「請負契約の原則」　b.「請負契約の内容」　c.「現場代理人の選定等に関する通知」
d.「不当に低い請負代金の禁止」　e.「不当な使用資材等の購入強制の禁止」
f.「一括下請の禁止」　g.「施工体制台帳及び施工体制図の作成」
h.「下請負人に対する特定建設業者の指導」

---

(4) 元請負人の義務の規定

　元請人とは工事請負契約の主契約者であり、請け負った工事の一部を下請負人へ発注する建設業者をいう。小規模の工事を除くと、ほとんどの工事では実際の施工は協力業者と呼ばれる下請負人により行われる。

　これが下請制度である。これら下請負人は企業規模が小さく立場も弱い場合が多いので、下請契約の内容や下請代金の支払い、工事の実施方法など、元請負人が下請負人に対して行う義務を規定している。

(5) 技術者制度の規定

　工事の品質確保や建設業者の技術レベルの向上を目的として、建設業許可に必要な技術者や工事規模に応じて一定の資格を持った技術者を工事現場に配置す

ること等を規定している。そのための技術検定制度、試験の実施方法などを規定している。建設業許可で審査対象となる資格には、技術士、一級土木施工管理技士、一級建築士、一級建築施工管理技士等がある。

(6) **施工会社の経営資格審査**

建設業者の経営状況や施工実績、技術レベルなどを総合的に審査して採点し、これにより公共工事の受注者選定の客観性を高め、発注業務の効率化に寄与することを目的として毎年実施される。

(7) **違反者に対する処分の規定**

建設業法が有効に機能するために、違反者に対する処罰と適用範囲を規定するもので、懲罰、罰金、過料などの罰則と、営業停止や許可取消しなどの監督署分と指導、助言、勧告などから構成されている。

4.5.5　経営事項審査制度

経営事項審査は略して経審といわれる。この制度は、官公庁の発注する工事に対して、その工事の入札に参加するのにふさわしい企業実態や施工能力を有しているかについて審査するものである。

審査にあたっては、各発注者が独自の基準で審査する主観点と全国一律の基準で審査する客観点とが考慮される。経審は後者の客観点数を算出するものである。

経審は、建設業法が制定された昭和 25 年に始まった工事施工能力審査がその起源である。昭和 36 年の建設業法改正時に法制化され、平成 6 年に大改正が実施されて、平成 11 年に評価項目の見直しが行われた。

この改正は経営状況分析の見直しを中心に行われたもので、指標が制定された昭和 63 年当時とは建設業を取り巻く環境が大きく異なっていること、および、経営状況の分析の評点が平均点を上回っている業者でも倒産したことが問題となり、経営状況の分析評点を一層的確に評価するよう改正されたものであった。

その理由として、これまでの経常利益や流動比率や当座比率を中心とした経営指標のみの評価では、建設市場の縮小や不動産価格の下落による含み益経営の崩壊など、経営環境の変化に対応でき難くなったことが挙げられる。

このたび、平成 20 年 4 月 1 日付で、今日の社会経済状態の実態に即するよう、評価項目と評価基準の見直しが実施された。

今回の改正は公共工事の企業評価における物差しとして、公正かつ実態に則した評価基準の確立と、生産性の向上および経営の効率化に向けた企業努力を評価する点にある。

そのための具体的な改正ポイントは、以下の5項目に要約できる。

① 完工高、利益、資本ストックをバランス良く加味した規模評価（X1・X2）
② 企業実態を的確に反映した経営状況評価（Y）
③ 的確な技術力評価（Z）
　・元請のマネジメント能力を評価する観点から新たに元請の完工高を評価項目に追加
④ 社会的責任の果たし方によって差のつく評価（W）
　・労働福祉の状況や防災協定の締結、営業年数などについての加点や減点の幅の拡大
　・法令厳守状況を評価項目に追加
⑤ 虚偽防止の徹底
　・虚偽申請に対するペナルティー強化

表4.8に、経営審査評点の算出方式について、現行と改正点についての比較表を示す。

第4章 契約と法規に関するマネジメント　95

表4.8 経営審査評点算出方式

総合評点(P)＝A1・X1＋A2・X2＋B・Y＋C・Z＋D・W
A1、A2、B、C、D は各評価項目のウエイト
X1・X2：規模評価　　　Y：経営状況評価
Z：技術力評価　　W：社会性評価

	評価項目	X1	X2	Y	Z	W
現行	ウエイト	0.35	0.1	0.2	0.2	0.15
	評価内容	・完成工事高	・自己資本額／完工高 ・職員数／完工高	・売上高営業利益率 ・総資本経常利益率 ・キャッシュフロー対売上高比率 ・必要運転資金月商倍率 ・立替工事高比率 ・受取勘定月商倍率 ・自己資本比率 ・有利子負債月商倍率 ・純利子負債月商倍率 ・純支払利息比率 ・自己資本対固定資産比率 ・長期固定適合比率 ・付加価値対固定資産比率	・技術職員数	・労働福祉状況 ・工事安全成績 ・営業年数 ・公認会計士数 ・防災活動貢献
改正	ウエイト	0.25	0.15	0.2	0.25	0.15
	評価内容	・完成工事高	・自己資本額 ・営業利益＋減価償却費	・純支払利息比率 ・負債回転期間 ・売上高経常利益率 ・総資本売上総利益率 ・自己資本対固定資産比率 ・自己資本比率 ・営業キャッシュフロー ・利益剰余金	・技術職員数 ・元請完工高	・労働福祉状況 ・営業年数 ・法令遵守状況 ・防災活動貢献 ・経理状況 ・研究開発状況

第5章　見積り、実行予算および施工計画に関するマネジメント

5.1 見積り

5.1.1 見積りと積算

　工事価格の算出は発注者の立場からみると、「工事を発注するに際し、発注において最も妥当性があると考えられる標準的な工法を想定し、契約内容に基づき標準的な業者が施工する場合に必要と思われる適正な費用をあらかじめ算定する行為…積算」である。

　一方、受注者の立場からは、「工事を受注するに際し、受注者が自らの立場で適正な利潤を見込んで実際に施工し、発注者の要求する十分な品質、形状をもった工事目的物を契約の工期内で施工し得る最少の費用をあらかじめ算定する行為…見積り」ということができる。

　発注者が官公庁の場合に作られる積算価格、つまり予定価格は、会計法第29条の6に基づき受注者が落札し契約できる最高限度額となるため、極めて重要な性格を持つ。

　したがって、工事費の積算は、発注者・受注者の接点としての要(かなめ)となる重要な作業ということができる。発注工事について、施工時期、施工場所、工事内容、施工の条件などを的確に設計に反映させた適正、かつ妥当な積算が要求される。また、算定価格は、発注者・受注者双方において施工実態、計画を踏まえた適正値を目指すものである。

　工事費の積算がどのような仕組みになっているかは、施工計画作成において重要な性格を持っているので深く理解をしておく必要がある。

　本章では、受注者の行う見積りと予算作成、施工計画とについて述べる。

5.1.2 工事発注から竣工までの業務の流れ

　受注者の行う見積りと予算作成、施工計画の作成は、図5.1に示すフローに従って実施される。

以下、これらの内容について詳述する。

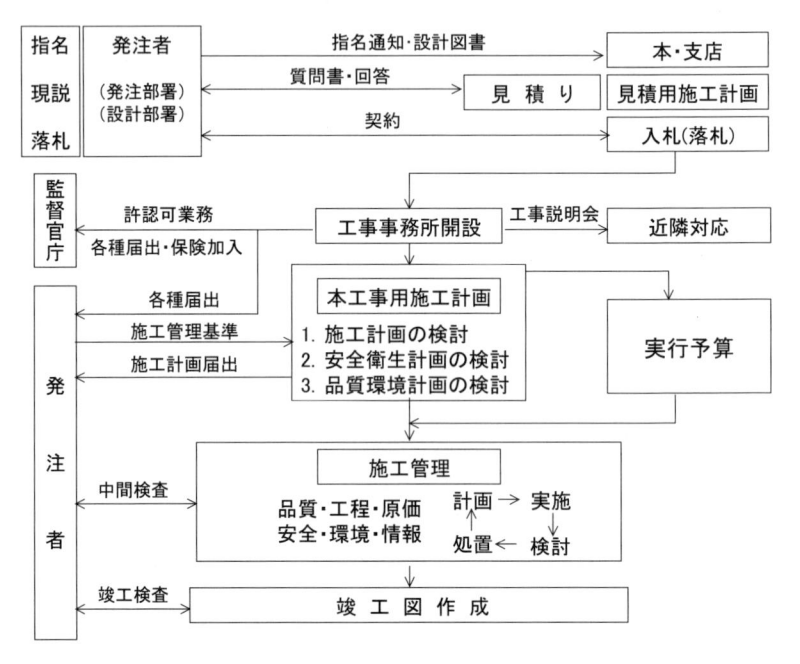

図 5.1　工事出件から、竣工までの業務の流れ

5.1.3　見積りの困難性

　見積りとは、受注者自らの工法の選択および自社の施工能力に基づき、適正な一般管理費等を見込んで実際に施工した場合、発注者の要求に合致した品質、形状をもった工事目的物を、契約工期内に建設し得る適正な価格をあらかじめ算出する行為をいう。

　そのため、受注者が異なれば同じ工事内容、同一施工条件であっても、受注者の技術水準、能力などにより相違する。

　したがって、発注者の定める工種構成、提出見積書形式を除き、それぞれの受注者が目的に応じた見積方法や基準を定め、それによって見積りを行うのが普通であり統一的な定型はあまり見受けられない。

　見積価格は、発注者の要求する形状、寸法、品質等の設計条件を満たす工事目的物を現地調査、施工条件、施工計画に基づき施工を行う場合の価格であり、発注者の積算価格と一致することが望ましい。

しかし、土木工事は他の産業と異なる特殊性（不確実性、リスク等）を有しているため、発注者、受注者の工事原価に対する算定過程や当事者間の主観的判断に隔たりを生ずることが多く、両者の算定価格は必ずしも一致しない。このようなことから、事前価格の算出行為である「見積り」は難しいものとなっている。

5.1.4 見積業務の実際

工事の発注にあたっては、工事件名ごとに見積り、入札、契約が行われ、工事が着手される。見積りが適正であるか否かは受注工事が経常的に成功するかどうかを決定する第1のカギであり、単なる概略金額や予測ではなく、科学的根拠や過去の施工実績の集成に立脚した、適正な予定の原価の把握が行わなければならない。

土木工事の見積りにあたっては、設計図面、仕様書、工事内訳書、契約書、工法条件などを十分に調査検討する。地形、地質、気象、用地、輸送施設、動力、用水、建物、労働力、材料の入手方法など施工に関係する現場条件について、現地調査を実施する。

これらの設計図書照査、現地調査ならびに発注者への質問書、回答書等により、工事原価の算出に必要な事項に係る見積用施工計画を立案しなければならない。また、見積りの基礎的資料である資材、労務、機械、特殊工法などの実勢価格は常に把握しておく必要がある。

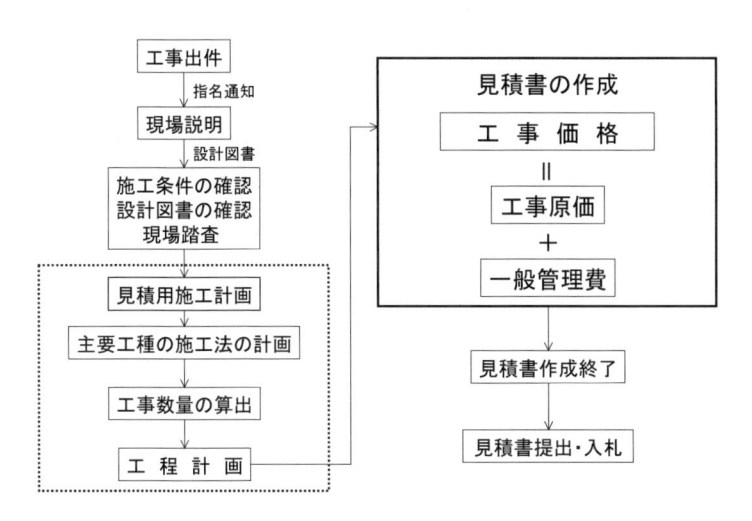

図5.2 見積業務の詳細フロー

見積価格の算出業務は、公共工事における競争入札や民間発注者との価格協議、ネゴシエーション等、受注行為の中での川上業務として位置づけられるものである。

図5.1 のフローのうち、**図5.2** に見積業務の詳細フローを示す。

(1) 現場説明

工事の入札前に実施される入札参加者を対象にしたもので、現地の詳細な状況や、図面に表示することが困難な見積条件に関しての事前説明をいう。

現場説明時に、設計図書、仕様書、見積条件等の関係書類が交付される。

(2) 設計図書等の確認

工事内容を十分に知り、工事の施工計画とそれに基づく工事費の見積りを正確にするため、その工事がいかなる条件・制限の下に行われるかを理解する必要がある。そのため、現場説明後、設計図書・仕様書・見積条件等を検討し、不明な点があれば発注者に質問する。質問することにより理解を深め、見積りが的確にできるようにする。

特に、仕様書、契約約款の内容は常識的なものと考えられがちであるが、見積段階のうちに、支払条件、支給材料等の落ち度のないよう十分理解することが大切である。

設計図書として確認すべき内容については、**表5.1** に示すものがある。

表5.1 設計図書の内容

設 計 図	発注者が発注する工事に関する構造物、仮設物に対する意図を一定のルールに基づいて図示した書面をいい、基本設計図・概略設計図・標準図・参考図等が含まれる。
共通仕様書	工事施工に際し請負業者が履行すべき技術的内容を具体的に示したものであり、施工に必要な計画(工法を含む)、使用機械、使用材料の品質、数量、仕上げの程度あるいは廃棄物の処理に関する事項などを記載したものである。
特記仕様書	当該工事に特別に必要な事項について記載したものであり、その内容は共通仕様書に準じるものである。
設 計 書	工事の内訳または明細を記した金抜設計書等がある。
現場説明書	現場の状況について説明したもの。
注意事項	工事の施工にあたり請負業者が特に留意を要する事項等について発注者の意図するところを表示したものであり、都市土木工事等で関係住民などの協議事項などについて記載されることがある。
見積条件	工期、工事用地範囲、見積提出期限等が示される。
質問回答書	前述の図面、共通仕様書などの内容についての不明瞭な点に対して、入札参加者が行った質問とそれに対する発注者の回答書を文書にしたものである。

その他、重要な確認事項として、次のような事項がある。
① 契約条件(設計変更、スライド・インフレ条項、天災不可抗力等)
② 工期(部分工期に注意)
③ 支払条件
④ 貸与機械・支給材料の有無

(3) 現場調査の実施

　土木工事は現地生産であることから天候、地形、地質、環境等による諸条件にかなり左右される。発注者から行われる現場説明とは別に、指名を受けた業者は設計図書に基づいて、工事現場および周辺の詳細な踏査、調査を行い、現場の諸条件を正確に把握し、施工計画、見積りの基礎資料とする。現場踏査・調査の項目は**表5.2**に示す通りである

表5.2　現場踏査・調査内容

①地　　形	高低(勾配)、広さ、地域、等
②地　　質	表層下層の土質、地層、断層、地下水、湧水、等
③気　　象	降雨(降雪)量、気温、風、気象条件、等
④流　　況	平水量、低水量、洪水量、水位(潮位)、等
⑤用　　地	用地境界、隣接地、埋設物、送配電線、等
⑥運　　搬	進入道路、交通量、等
⑦電力用水	種類、引込地点、容量、等
⑧権　　利	水利権、漁業権、鉱業権、等
⑨その他	関連工事、付帯工事、現地調達材料、等

(4) 見積用施工計画

　施工計画は、業者自らの経験と技術力を生かして企業努力を発揮する最も重要な点であり、施工計画を金額に置き換えたものが見積りである。
　次の各項目について、業者独自の組織・技術力で最も適合すると思われる手段を決める。

> a.「施工方法の計画」　b.「工程計画と工程表の作成」　c.「仮設備の計画」　d.「機械設備の選定と使用計画」　e.「労務および、専門工事外注等の計画」　f.「材料調達の計画」　g.「運搬の計画」　h.「安全の計画」　i.「現場管理・組織の計画」

(5) 工事数量の算出、確認

施工計画の検討と併行して、設計図書、仕様書に基づき工事数量の算出を行う。工事数量は、設計図書により示される場合が多いが、数量をチェックしその精度を確認するとともに、工事内容をよく理解する上にも数量の再計算と確認は重要な業務である。算出された数量は、工種、項目、細目ごとにまとめる。

仮設工事においては、指定仮設(設計図書に指定されている場合)と、任意仮設(施工者業者自身に委ねる場合)とがあり、数量の算出は十分な検討が必要であり、施工者の能力が発揮されるところである。

工事数量の算出にあたっての注意事項は、次の通りである。

① 実際の施工方法に即した工事数量を算出する。例えば、段取り上必要な幅員等を考慮して工事数量を算出する。

② 設計数量が与えられている場合でも、脱落している項目はないか、数量は正確か、どのような算出根拠か等をチェックする。

③ 掘削勾配、足場、支保工等は「労働安全衛生規則」「安全衛生設備基準および安全作業基準」等の法規を遵守して算出する。

④ 対になっている構造物は、半分拾い落とし等がないように気をつける。また、数量の相互関係、例えば、構造物におけるコンクリートと型枠の数量の関係等をチェックする。

⑤ 工事数量の拾い出し時はネット数量にて行い、割増しについては工事費の算出のときに見込む。

(6) 工事費の構成

算出された数量に対して、材料、労務単価の相場を正確に把握し、工事の施工計画で決められた段取りを考慮に入れて歩掛りを決定し、単位数量当たりの代価表、設計数量当たりの内訳書等を作成する。

また、工事内容により専門業者に行わせる場合には、その見積りを参考にする。数量と代価を掛け合わせてまとめたものが見積りであり、入札価格決定の基礎となる。

公共土木工事における工事費構成書は図5.3のように構成されており、これに準じて積算することが適切である。

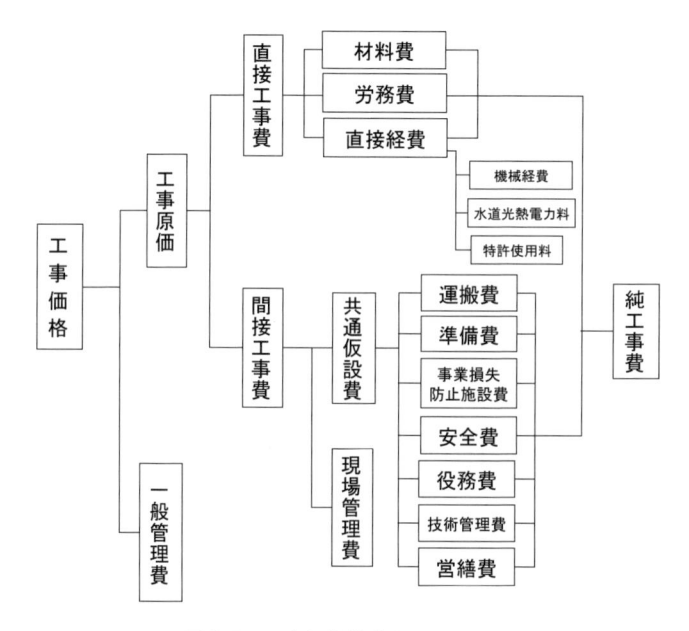

図 5.3　**工事価格構成**(国土交通省)

(a)　工事原価

　工事原価とは、工事現場の経理で処理されると考えられるすべての費用を総称したものをいう。

(b)　直接工事費

　直接工事費とは、工事原価のうち間接工事費を除いた費用で、目的物を造るために直接投入されることが明確なコンクリート、型枠費、コンクリート打設手間、床掘費用、埋戻し費用などをいう。

　直接工事費は工事目的物の種類ごとに労務費、材料費、機械費の3つの要素および直接経費について積上げを行う。

(c)　間接工事費

　間接工事費は、工事目的物として引き渡すものではない仮設費用と現場管理費用などから成る。これらは、各工種の施工に対して共通的に使用される費用で、個別に把握することが困難な共通的費用である。間接工事費の算定にあたっては、積上げか、率計算による一括計上により行う。

(d) 一般管理費等

　一般管理費等とは、受注者の本店や支店において必要な経常費用である。この費用は、個々の受注工事と直接的に連動するものでないが、受注者の企業の正常な維持、経営、管理および活動のために、見積工事価格の中に織り込まれるものである。

(e) 消費税相当額

　消費税相当額は、工事価格に消費税の税率を乗じて算出する。

(7) 工事費算定のポイント

　工事費の算定は、場所別、工種別に工事を区分し、それぞれの区分ごとに、材料費、労務費、機械経費により積み上げる。

(a) 材料費の算定

　工事の種類と規模、支給材料の有無等により差異はあるが、一般的に請負金に占める材料費の比率は大きい。また、材料業者の見積価格も条件等により値幅の変動も大きく、それだけに工事費に大きく影響する。

材料費＝設計数量×(1＋ロス率)×材料単価

ⅰ) 材料単価

　　材料費の算定にあたって重要なことは、適正単価の設定である。材料単価は以下の資料等を参考とする。

・専門業者その他関連業者のカタログ、定価表、見積書
・類似工事の実績単価　　・積算資料（経済調査会）
・建設物価（建設物価調査会）

ⅱ) 設計数量

　　各工種の設計数量および、単位当たり作業に必要な数量を把握する。実必要数量については、材料、工法により所要量が変化することにも注意しなければならない。なお、数量には作業上必要とするロスを含める。材料のロス率については、経験、実績等から決める。

(b) 労務費の算定

　労務費は、当該作業を施工するに要する作業員の賃金である。

基本賃金は1日8時間を基準とした賃金で、割増賃金の算定根拠となるものである。割増賃金は、時間外勤務、深夜勤務、休日勤務などの割増しをいう。

賃金形態には定額給制(時間給、日給、月給)と出来高制(単位出来高制、標準時間出来高制)があり、どの形態にするかは施工実態などを考慮して決定される。

```
労務費＝施工数量×歩掛×労務賃金
     ＝作業員数×労務賃金
労務賃金＝基本賃金＋割増賃金
```

```
時間外                    ‥‥割増率25%
深夜(午後10時から午前5時)    ‥‥割増率25%
休日                      ‥‥割増率35%
(時間外＋深夜)              ‥‥割増率50%
```

労務単価は以下の資料を参考にする。

```
・公共事業労務費調査、積算資料(経済調査会)
・建設物価(建設物価調査会)
```

(c) 作業員数の算定

作業員の算定には、張付方式、歩掛方式がある。一般に作業員数の算定には、この2つの方法を適宜組み合わせて行う。

ⅰ) 張付方式

　　張付方式は、ある期間(例えば、一方、1日、作業の1サイクル等)に施工できる作業数量と、その作業を行うのに必要な作業グループを張り付けるとした場合、何パーティで何人必要かを算定する方式である。

ⅱ) 歩掛方式

　　歩掛方式は、過去の工事実績に基づく豊富な経験や実績があり、歩掛データが蓄積されている場合に適用される。

　　例えば、型枠工の歩掛が 0.1 人$/m^2$ とした場合、$1,000m^2$ の型枠組立に必要な型枠工は、0.1 人$/m^2 \times 1,000m^2 ＝ 100$ 人として算定する。

　　見積時の必要作業員数設定は以下の資料を参考にする。

> ・国土交通省土木工事積算基準
> ・建設工事標準歩掛(建設物価調査会)

(d) 機械経費の算定

　機械経費は、施工計画書で作成した機械の使用計画に基づき、必要数量を算出し、各々の単価(賃貸料)を乗じて算定する。機械数量の算定にも、張付方式、歩掛方式を利用する。

　見積時の単価設定には以下の資料を参考とする。

> ・建設物価(建設物価調査会)
> ・建設機械等損料算定表(日本建設機械化協会)

5.1.5　見積価格の算定例

　ボックスカルバート(9.5m×5.5m、延長120m)を構築する簡単な工事を想定し、見積書の作成例を以下に示す。

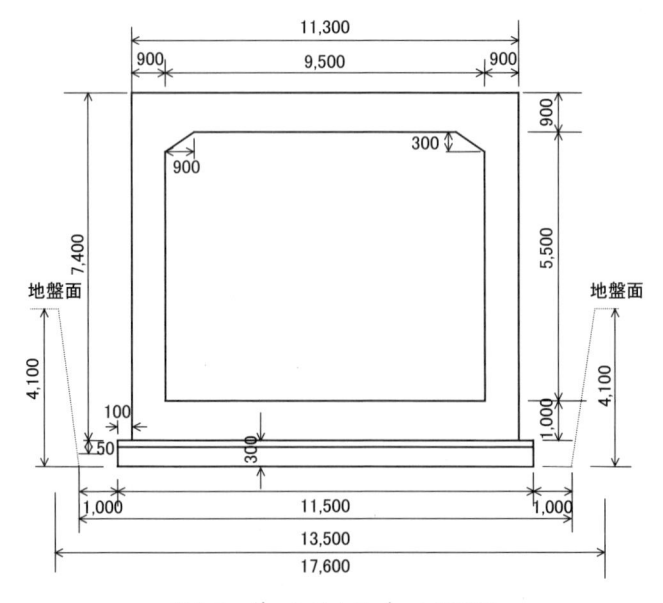

図5.4　ボックスカルバート断面図

(1) 数量の算出

設計図(**図5.4**)に基づき工事数量の算出を行う。

まず、単位延長当たりの数量を求める(**表5.3**)。

表 5.3　工事数量計算表(1m 当たり数量)

名　称	計　算　式	数　量	単位
掘　削	$(13.5+17.6) \times 4.1 \times (1/2) \times 1.0 = 63.76$	63.76	m^3
残土処分	$11.5 \times 0.3 \times 1.0 + 11.3 \times 3.8 \times 1.0 = 46.39$	46.39	m^3
埋め戻し	$63.76 - 46.39 = 13.37$	13.37	m^3
基礎砕石	$0.25 \times 11.50 \times 1.0 = 2.88$	2.88	m^3
均しコンクリート	$0.05 \times 11.50 \times 1.0 = 0.575$	0.575	m^3
均しコン型枠	$0.05 \times 1.0 \times 2 = 0.10$	0.10	m^2
躯体コンクリート	$11.30 \times 1.00 \times 1.0 + 5.50 \times 0.90 \times 1.0 \times 2 + 11.30 \times 0.90 \times 1.0 + 0.3 \times 0.9 \times (1/2) \times 2 = 31.64$	31.64	m^3
躯体型枠	$(1.00 + 5.50 + 0.90) \times 1.0 \times 2 + (5.50 - 0.30) \times 1.0 \times 2 + (9.5 - 0.9 \times 2) \times 1.0 + \sqrt{0.30^2 + 0.90^2} \times 1.0 \times 2 = 34.80$	34.80	m^2
鉄筋加工組立	コンクリート $1m^3$ 当たり $100kg/m^3$ とする $31.64 \times 0.100 = 3.164$	3.164	t
足場工	$(1.00 + 5.50 + 0.90) \times 2 = 14.80$	14.80	掛 m^2
型枠支保	$9.50 \times 5.50 \times 1.0 - 0.90 \times 0.30 \times (1/2) \times 1.0 \times 2 = 51.98$	51.98	空 m^3
妻型枠	1カ所当たり $1.00 \times 11.30 + 5.50 \times 0.90 \times 2 + 11.30 \times 0.90 + 0.30 \times 0.90 \times (1/2) \times 2 = 31.64$	31.64	m^2

(2) 工事費の算定

工事数量を**表5.4**に、見積書の例を**表5.5**に示す。

表 5.4　工事数量総括表

名　称	数　量	単位	名　称	数　量	単位
掘　削	7,651.2	m^3	躯体コンクリート	3,796.8	m^3
残土処分	5,566.8	m^3	躯体型枠	4,176.0	m^2
埋め戻し	1,604.4	m^3	鉄筋加工組立	379.68	t
基礎砕石	345.6	m^3	足場工	1,776.0	掛 m^2
均しコンクリート	69.0	m^3	型枠支保工	6,237.6	空 m^3
均しコン型枠	12.0	m^2	妻型枠	189.84	m^2

(妻型枠については1スパン20mとして計算)

表5.5　見積書作成例

工事名称：○○○○ボックスカルバート工事

金　265,603,800　円也(内、消費税相当額　12,647,800円)

内　訳

記号	名　称	摘要	数量	単位	単価	金　額	備考
	直接工事費		1	式		184,621,000	1号計算書
	共通仮設費		1	式		15,167,000	2号計算書
	純工事費　計					199,788,000	
	現場管理費					28,470,000	3号計算書
	工事原価　計					228,258,000	
	一般管理費等					24,698,000	4号計算書
	工事価格					252,956,000	
	消費税相当額					12,647,800	×5%
	請負工事費 合計					265,603,800	

1号計算書

直接工事費

記号	名　称	摘要	数量	単位	単価	金　額	備考
	直接工事費						
	土　工					10,132,000	1号内訳書
	基　礎　工					3,303,000	2号内訳書
	本　体　工					171,188,000	3号内訳書
	直接工事費計					184,621,000	

[第1号内訳書]

土工内訳書

記号	名称	摘要	数量	単位	単価	金額	備考
	掘削工		7,651.20	m³	753	5,761,354	1号明細書
	埋め戻し工		1,604.40	m³	2,724	4,370,386	2号明細書
	雑工		1	式		260	
	計					10,132,000	

[第2号内訳書]

基礎工内訳書

記号	名称	摘要	数量	単位	単価	金額	備考
	基礎砕石工		345.6	m³	6,250	2,160,000	13号明細書
	均しコン型枠		12.0	m³	3,660	43,920	14号明細書
	均しコン打設		69.0	m³	15,920	1,098,480	15号明細書
	諸雑費					600	
	計					3,303,000	

[第1号明細書]

掘削工明細書

1m³ 当たり　5,762,000÷7,651=753 円/m³

記号	名称	摘要	数量	単位	単価	金額	備考
	バックホウ掘削、積込	平積 0.6m³	7,651.20	m³	242	1,851,590	1号代価表
	ダンプトラック運転	11t	7,651.20	m³	347	2,654,966	3号代価表
	ブルトーザ敷き均し	仮置土	7,651.20	m³	164	1,254,797	5号代価表
	諸雑費					647	
	計					5,762,000	
	m³ 当たり					753	

|第1号代価表|

バックホウ掘削・積み込み　代価表

1m³当たり 242 円　　ただし、100m³につき計算

記号	名称	摘要	数量	単位	単価	金額	備考
	バックホウ掘削、積込	平積 0.6m³	0.4	台・日	58,200	23,280	100m³当たり
	諸経費	4%	1	式		931	
	計					24,211	
	1m³当たり					242	

(代価算出根拠)

バックホウの運転1時間当たりの掘削・積込み量の算定は次式で与えられる。

$$Q = \frac{3,600 \times 0.6 \times 0.83 \times 0.6}{30} = 35.8 \fallingdotseq 36 \text{m}^3/\text{h}$$

と求められる。

故に、バックホウ1日当たりの施工量は $36\text{m}^3/\text{h} \times 7\text{h} \fallingdotseq 250\text{m}^3$ となり、100m³当たりに対するバックホウの歩掛は0.4台・日となる。

$$Q = \frac{3,600 \times q \times f \times E}{C_m}$$

Q：運転1時間当たり掘削・積込み量(m³/h)
q：1サイクル当たり掘削・積込み量(m³)
　　q=q₀(平積バケット容量)×K(バケット係数 0.98)
　　q=0.6×0.98≒0.6m³
f：土量換算係数(砂質土の場合 f=1/L=1/1.2≒0.83)
E：作業効率(0.6)
C_m：サイクルタイム(30秒)

表5.6　土量の変化率

	変化率 L	変化率 C
礫質土	1.20	0.90
砂・砂質土	1.20	0.90
粘性土	1.25	0.90

(L：ほぐした土量/地山土量、C：締固め後の土量/地山土量)

(国土交通省土木工事積算基準)

表5.7　バックホウの作業効率

現場条件	地山の掘削積込			ルーズな状態の積込		
土質名	良好	普通	不良	良好	普通	不良
砂・砂質土・粘性土・礫質土	0.75	0.60	0.45	0.80	0.65	0.50
岩魂・玉石・岩				0.65	0.50	0.35

(国土交通省土木工事積算基準)

良好：掘削深さが最適(1〜4m)で、地山がゆるく、矢板などの障害物がなく
　　　連続して掘削可能の場合
不良：掘削深さが最適でなく、地山が固く、矢板などの障害物があり
　　　連続した掘削が不可能の場合
普通：上記条件のほぼ中間の場合

表5.8　バックホウのサイクルタイム(秒)

バックホウの旋回角度	45度	90度	135度	180度
C_m	28	30	32	35

(国土交通省土木工事積算基準)

5.1.6　見積りと原価

　受注後の原価管理においては、計画、実施、検討、処置の連続的反復進行(Plan-Do-Check-Action)が行われる。
　着工にあたっては、入札時の見積りに基づき、さらに詳細な検討を行って工事実行(実施)予算が編成される。これは、受注当初の計画段階での標準工事原価の役割を有し、その後の工事施工中の現場経営活動、原価管理の指標となり、また、事後の実際の工事原価と比較する尺度となるものである。

5.2　施工計画

　施工計画とは、発注者が要求する工事目的物を現場で施工するために、施工の安全性を前提として、品質、工期、経済性の確保と調和を保ちながら、施工方法、労働力、資材、資金などの生産手段を選定し、これらの活用のための最適計画を立て、具体的な施工法を決定する作業である。
　施工計画書には、入札見積時に実施する見積用施工計画と、着工時に現場事務所で作成する詳細施工計画の2つがある。いずれの場合も、次に述べる施工計画の準備が重要となる。

5.2.1 施工計画の準備
(1) 工事事務所(現場組織)の編成
　工事受注後速やかに、現場事務所における業務分担、指示命令系統、および職員の配置などを、発注者、工種規模、制約条件等の現場の実状に即した組織を編成する。

(2) 設計図書の理解
　発注者の要望する構造物を的確に作るために、設計図書の内容を熟知しておかなければならない。設計図書は、工事目的物の形状、品質、工事の方法、工事費の積算根拠となるものであり、図面、仕様書等で表される。図面はもちろんのこと、工事数量のチェック、仕様書(共通、特記)の検討を行い、不明な点は発注者に照会し、十分理解する。
　発注者に照会した事項、監督員の指示、承諾、協議事項等は記録し、保管するとともに、発注者へ提出しておく。この議事録は設計変更に利用することができる。

(3) 工事着手準備
　工事着手にあたり、発注者および関係監督官庁に着工の連絡を行い、協力を要請し必要な指示を仰ぐ。近隣を訪問し、その好意的協力を依頼する。
　現場近隣の住民と融和を図り、紛争を未然に防止することは、業務遂行上不可欠の要件である。
　また、発注者と協力し適宜工事説明会等を開催する。第三者損害への対応のため、事前調査の一環として近隣家屋、井戸、工作物等の現状を工事途中および完了時に比較できるように詳細に調査し、記録写真を残す。

5.2.2 施工計画の立案
　施工計画の適否は、工事の成果を左右するものである。したがって、工事目的物を所定の工期内に、所定の品質を確保しながら、安全かつ経済的に完成するため本支店各部門と緊密に協議して最適計画を立てる。
　施工計画の立案に際して、担当者は工事契約約款、設計図書等を熟読精査し、工事内容ならびに契約条件を正しく把握する。また、必ず現場を実地踏査し、建設地点の地形、地質、地下水、気象、工事障害物、仮設用地、給排水、動力、輸送等の立地条件および用地、利権補償問題の有無、近隣問題、公害規制、その他社会的制約条件等を十分把握しなければならない。

図5.5に、施工計画作成手順の詳細についてのフローチャートを示し、以下にその説明を行う。

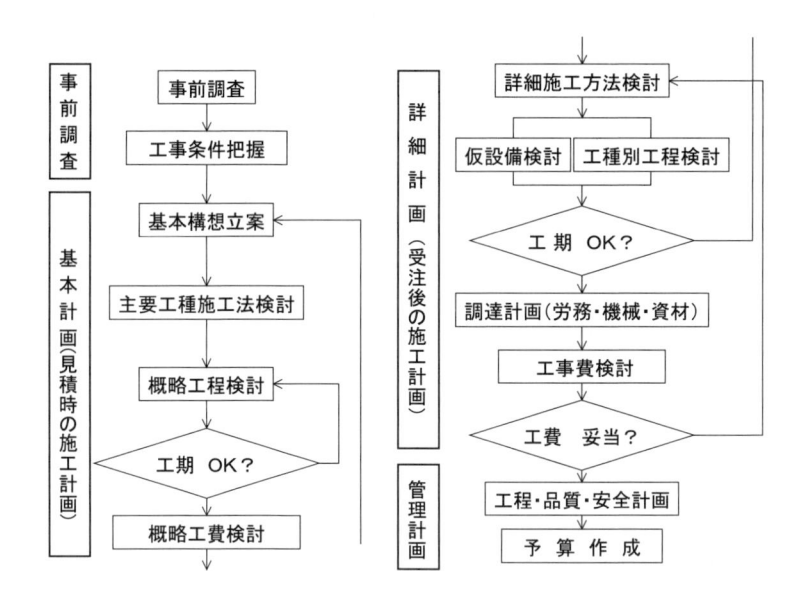

```
事前調査
  事前調査
    ↓
  工事条件把握
    ↓
基本計画（見積時の施工計画）
  基本構想立案 ←
    ↓         │
  主要工種施工法検討
    ↓         │
  概略工程検討
    ↓         │
  工期 OK？ ──┘
    ↓ (Yes)
  概略工費検討

詳細計画（受注後の施工計画）
  詳細施工方法検討 ←──────┐
    ↓                      │
  仮設備検討  工種別工程検討│
    ↓                      │
  工期 OK？ ───────────────┘
    ↓ (Yes)
  調達計画（労務・機械・資材）
    ↓
  工事費検討
    ↓
  工費 妥当？
    ↓ (Yes)
管理計画
  工程・品質・安全計画
    ↓
  予算作成
```

施工計画作成手順

① 施工計画の前提として、まず発注者の契約条件および現場諸条件を十分に理解するために事前調査をする。
② 施工順序と施工方法の概要について技術的検討と経済性を比較して、施工方法の基本方針を決定する。
③ 施工計画の基本方針に従い、機械の選定、人員配置、作業サイクルタイム、1日の作業量の決定、各工事の作業順序など工事の詳細計画を立てる。
④ 仮設備など工事用施設の設計とその配置を決定する。
⑤ 作業計画の内容を分析して、労務、機械などの諸資源の配置計画を考慮の上、最適工程をPERTなどのネットワーク手法により作成する。
⑥ 工程計画に基づいて労務、機械、材料などの調達、使用計画、輸送計画を立てる。
⑦ これらの計画と並行して、現場組織編成と人員計画、実行予算、資金収支計画、安全計画、環境保全計画、その他現場管理のための諸計画を作成する。

図5.5　施工計画作成手順

(1) 事前調査

現場の諸条件は、各工事によって異なるものであり、施工計画に重大な影響があるから、必ず現地において現場条件を調査して、その現場に最も適当で経済的な計画を立てることが大切である。

事前調査は工事の規模により異なるが、複数の者が行うとか、また場合によっては回数を重ねて調査することより、個人的な視点の片寄りをなくし、正確に、詳細に、漏れなく調査ができ、良い結果を生ずることになる。

また、工事受注後の施工計画立案のための現場調査は施工担当者による調査であり、見積時点の調査より詳細な内容が要求される。

(2) 施工計画の内容

施工計画の内容としては、次の各項目から成る。

```
①  工事概要と工事数量表
②  工程計画
③  工事管理体制および組織編成(現場組織表，緊急連絡系統図)
④  主要資機材使用計画
⑤  要員計画
⑥  施工方法(仮設備計画，工種別施工計画)
⑦  品質管理計画，安全衛生管理計画等の施工管理計画
⑧  購買，調達計画
⑨  資金および収支計画
```

施工計画書の内容は、施工条件変更に係る設計変更等の要素を含むことが多いので、発注者との緊密な打合せを必要とする。施工計画書は、社内での審査を受けてから、発注者および労働基準監督署長に提出する。

長期にわたる工事では、全体概要計画と工種別詳細計画とに分割し、その都度審査を受けて提出する。

(3) 工程計画

工程計画は、施工計画の中でも重要な基本的計画である。工程計画の直接目的は工期の確保であるが、工事の品質は各工程において織り込まれ、工費は各工程において生ずるものであり、工程計画の適否が工事を左右するものである。

工程計画の内容として、次の4つの事項が含まれる。

① 各工程(各部分工事)の施工順序を決めること。
② 各工程(各部分工事)の適切な施工期間を決めること。
③ 全施工期間を通じてなるべく忙しさの程度を等しくすること。
④ 全工事が工期内に完了するように計画すること。

(4) 品質管理計画

　品質管理とは、発注者の要求する品質形状をもった工事目的物を構築するための規準を明確に定めて、それを履行し、要求品質が満足されたことを客観的に証明することを目的としている。

　設計図書等に要求される使用材料の品質、出来上がった構造物等の品質を保持するために、計画段階から発注者の管理方法等に準じて、試験・測定、測量等の方法、管理値等を定めなければならない。

(5) 安全衛生管理計画

　建設業の基本的課題であり、発注者および社会に対する責務である労働災害および第三者災害の防止を図り、かつ快適な作業環境の実現を通じて、工事現場や職場における元請職員、専門工事業者職員および作業員の安全と健康を確保する。

　そのために、施工計画に合致した安全衛生管理体制、安全衛生対策、安全衛生管理業務の進め方と方法等を事前に定め、施工と安全の一本化を図り、重点管理(危険のポイントをつかむ)先取りの安全管理を行うことが大切である。

(6) 購買、調達計画(専門工事業者の選定、資機材の調達)

　資材、機械、協力会社の各調達計画については、工種別詳細計画をもとに必要数量、規格および使用期間を明確に把握し、購買担当部門と緊密に連携を保ち適時適量かつ適正価格で調達できるよう立案する。

(7) 仮設備計画

　仮設備は、本工事を実施するために直接必要な指定仮設、任意仮設と工事を実施するために必要な付属的設備(監督員詰所、現場事務所、労務者宿舎、倉庫)に大別される。工事を安全に円滑に実施するための設備で、工事に対する安全性の他、第三者に対する安全性の確保、作業員に対する安全性等にも十分配慮する必要がある。

　指定仮設とは、発注者が構造および形状寸法、品質に関して指定した仮設であるため、設計図および仕様書の条件を満たし、品質管理、出来形管理は、本工事同様に実施しなければならない。

　任意仮設は、受注者が工事目的物を完成するために計画立案を行い施工するもので、その責任は、請負者が負うものである。したがって、任意仮設の実施にあ

たっては、契約変更の対象にもならないので、受注者の技術力、ノウハウ、資材を十分活用すべきである。

工事施工計画書には、位置図および現場事務所図、労務者宿舎図等ならびに材料、機械等の仮置場、電力等の供給設備、立入防止柵の仮設備等に関する事項を記載する。

(8) **資金計画**

資金計画は、工事に直接必要な資金計画、管理に必要な資金計画、会社全体の資金計画から成っている。ここでは、個々の工事に必要な資金計画について限定して記述する。

資金計画を失敗すると、工事に重要な影響を及ぼす。ことに労務費の支払いの渋滞は、社会的にも重大問題になる場合もしばしばある。

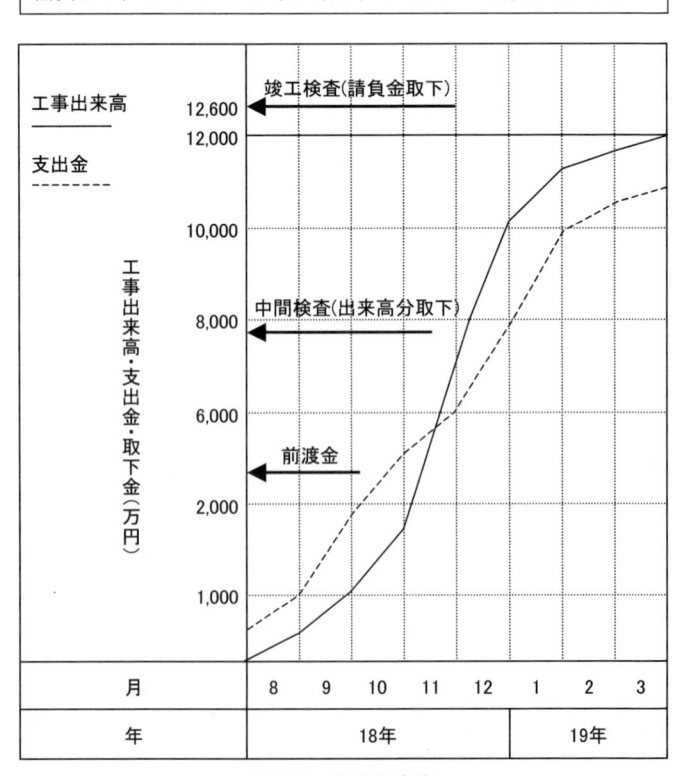

図 5.6 収支予定表

したがって、施工にあたっては工事出来高、取下金、支払出来高との関係を綿密に調査し、それによる資金計画を立て、管理部門に資金計画表を提出しなければならない。

(a) 工事の種類と工事出来高、支払出来高

土木工事は大多数が公共工事であり、ほとんどは公共企業体から発注される。民間から発注される工事のうち電力会社、鉄道会社などについても同様で、支払いも出来高払いのものが多い。

(b) 収支予定表

工事を受注すると、直ちに収支予定表を作成しなければならない。

収支予定表は、支払原価と収入金との関係について、実施予算と工程表との組合せにより支払出来高、収入予定金を月別に示したものである。

その一例を**図 5.6** に示す。

(9) **土木工事保険**

土木工事保険の対象は、上下水道工事、トンネル工事、道路工事、埋立工事、土地造成工事などの土木工事を主体とする工事である。

土木工事保険ではその対象とする工事の性格上、保険契約締結時には保険の目的となる物が存在しないため、客観的な尺度として工事請負契約書で定められた工事の範囲を1つの単位として保険契約することとしている。そのため原則として、対象工事の一部を除外して引き受けることはできない。

また天災不可抗力により工事に損害が発生した場合の損害額の負担については、発注者と請負業者間の協議事項とすることや、一定の限度を定めてその限度以下の損害額は請負業者の負担とし、超えた損害については発注者の負担とするなどの取決めもあり、利害関係は必ずしも単純ではない。

1件工事ごとの契約は、保険料率は高いが、全社としての保険料額は比較的少なくて済むメリットがある。一方、包括契約では保険料率は低く抑えられるが、会社全体の保険料負担額は大となる。

会社の方針として包括契約方式を採用していない場合は、保険加入の是非は各々の工事事務所長および施工担当部署等の責任者による個別判断が必要となる。保険の対象となる損害が小さな場合、あるいは損害発生が少ない場合には個別保険が比較的有利であると判断されるが、大型損害や第三者障害が発生した場合には会社経営を大きく圧迫することになる。

一方、包括契約ではそういったリスクは減少する。どちらの契約方式を採用するかは会社としての方針であり、個別契約方式を採っている場合には、施工計画

段階での入念な検討が必要とされる。包括契約方式を採る会社は近年、増加の傾向にあり、その損益は比較的良好な状態となっている。

(10) 労災保険

労災保険(労働者災害補償保険)は、業務上の事由または通勤による労働者の負傷、疾病、障害あるいは死亡に対して、本人および遺族の保護を図るため、保険給付を行うとともに、必要な労働福祉事業を行うことを目的とした制度で、政府が管掌する保険である。

数次の請負によって行われる建設事業では、元請負人が全体の事業の事業主として労災保険の適用を受ける。したがって、元請業者は、協力会社の労働者も含めて労災保険料の納付等の義務を負うこととなる。

ただし、「排土等の運搬事業」「運転手付の建設機械の賃貸事業」については、元請業者の労災保険が適用されないので、これらの事業を行う協力会社と下請負契約を締結する場合は、協力会社の保険関係が成立しているかどうかを確認することが必要である。

(11) 施工体制台帳

施工体制台帳は、元請(総合工事業者)と協力会社(専門工事会社)が、それぞれ対等の協力者として負うべき役割と責任を明確にすることと、建設業の生産システムの在り方を示したものである。

施工体制台帳は「下請契約台帳」「再下請負契約届出書」「施工体系図」から構成される。

(a) 下請契約台帳

発注者から直接工事を受注した建設業者が、その工事の一部を他建設業者に請け負わせて施工させる場合に、その契約における次位の受注者、および契約内容等を記した台帳を作成する。

(b) 再下請負契約届

協力会社がその請け負った工事の一部をさらに他の建設業者に施工させる場合に、事前に下位の受注者、契約内容を記した届出書を順次上位の建設業者を通じて元請へ提出する。

(c) 施工体制図

発注者から直接工事を受注した建設業者は、「下請契約台帳」「再下請負契約届出書」に基づき、すべての建設業者名、技術者名等を記入した施工体制図を作成するとともに工事現場の適切な場所に掲示する。

5.3 実行予算

5.3.1 実行予算の重要性

　実行予算とは、請負工事において、当該工事の各作業をコスト面で捉えた具体的実行のための計画であり、工事の開始から終了に至るまでの全期間のコスト管理の目標値となるものである。特に土木工事は、工事ごとに地形、地質、気象等の自然条件、現場周辺の環境、協力会社等の条件が異なるため、工事の諸条件に最適、妥当な実施予算が算定されなければならない。

　原価管理は実行予算を基準に、それと対比しながら行われることが必要である。このことから、実行予算は工事管理上極めて重要であり、工事を直接に運営管理するだけでなく、本支店の施工担当部、資機材部門等においても不可欠のものである。実行予算が工事運営上に果たす主な役割(機能)は、次の3つがある。

　(a)　計画機能

　工事を具体的に数値化(コスト化)することにより、目標設定と目標達成のためのシステム(やり方)作りの役割を果たす機能。

　(b)　調整機能

　工事担当者、施工担当部および資機材部門等の工事関係者が、工事の目標に対して整合の取れた行動をとることができるように、あらかじめ関係者相互間の調整を図る機能。

　(c)　統制機能

　施工中の時点において、実際の工事運営が目標通りに実行されたか否かの判定・評価に、実績と予算数値との差異を用い工事担当者に認識させるとともに、以後の工事運営について可能な限りの改善措置する機能。

5.3.2 見積りと実行予算

　見積りと実行予算は、積上げ計算によって工事原価を算定する基本は同じであるが、目的が異なるため次のような相違点がある。

① 見積りは、標準的な方法で積上げ算定するのに対し、実行予算は詳細施工計画を検討の上、実際の調達に即して作成する。

② 実行予算は原価管理等のため、工種別の他に要素別(材料費、労務費、外注費、経費、機械費等の各要素)内訳が必要となる。

③ 実行予算は社内の基準に基づいて作成されるが、見積りでは、発注者の体系との整合が図られる。

表 5.9 見積りと実行予算の概略対比

	見 積 り	実 行 予 算
目　的	受注の意思決定のため工事費のネットを算定する	可能な限り原価低減を図り、最大の利益を追求する
作成時期	工事契約前	工事契約後
作成期間	短　い	比較的長い
様　式	一般的、標準的方式	より実態に即した方式
体　系	工種別体系	工種別体系、要素別体系
精　査	ニーズに応じた内容	社内実行予算基準に準拠
施工計画との関係	概略施工計画書に準拠	詳細施工計画書に準拠
原価低減	厳しい	より一層厳しい

実行予算については、各社独自の基準、様式が採用されている。

図 5.7 に実行予算の構成の一例を示すが、実行予算の特徴を述べると以下のように要約できる。

① 施工計画の功拙が金額に影響するため、実行予算においては、施工計画の重要度が高い。
② 工種、作業の設定は、支払いとの対応も考慮して設定される。
③ 要素別集計ができる様式を採用する。

5.3.3　実行予算の作成

実行予算の算定手法については、「5.1.5　見積価格の算定例」で述べている方法と本質的には大きな相違点はないが、ここでは、改めて実行予算の算定手法について詳述する。

(1)　直接工事費算定

直接工事費は、費目別、工事別、工種別、作業別、要素別に区分し、区分ごとに機械費、労務費、材料費、外注費の4要素に積み上げて計算する。算定の要点は、いかに適切に作業単価内訳を作成するかにある。

作業単価内訳を作成する方法には、張付計算と歩掛計算の方法がある。施工者では、工程を厳密に加味する必要から張付計算が一般的となっているが、発注者の積算基準は、標準編成と標準能率を基本とするため歩掛を採用している。

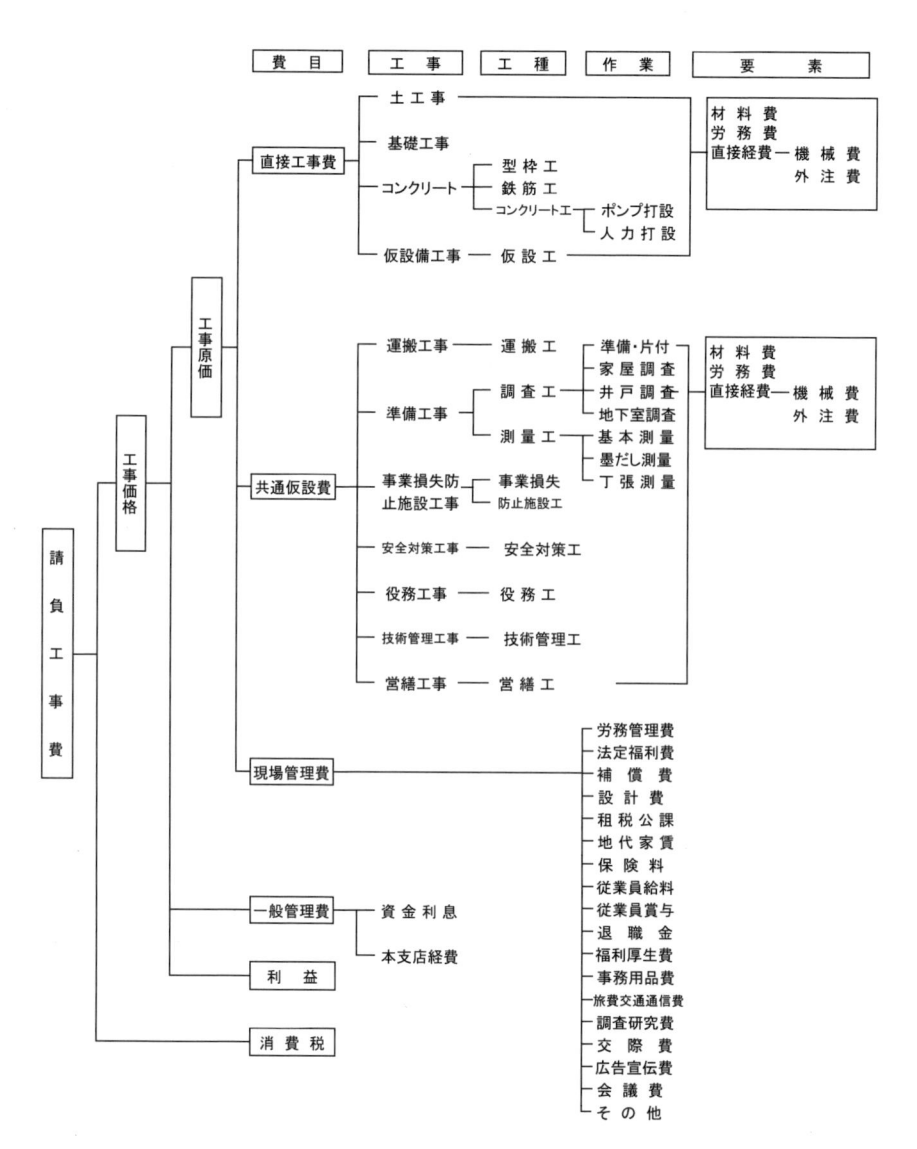

第5章 見積り、実行予算および施工計画に関するマネジメント　*121*

```
                    ┌費 目┐ ┌工 事┐ ┌工 種┐ ┌作 業┐      ┌要 素┐

                                   ┌ 土工事
                                   │ 基礎工事                         材 料 費
                            ┌直接工事費┤                              労 務 費
                            │      │ コンクリート ┬ 型 枠 工          直接経費─機 械 費
                            │      │          ├ 鉄 筋 工                 外 注 費
                            │      │          └ コンクリート工 ┬ ポンプ打設
                            │      │                      └ 人力打設
                            │      └ 仮設備工事 ── 仮 設 工
                      工
                      事
                      原
                      価
                            │                      ┌ 準備・片付
                            │                      │ 家屋調査          材 料 費
                            │      ┌ 運搬工事 ── 運 搬 工              労 務 費
                            │      │           ┌ 調 査 工 ┬ 井戸調査    直接経費─機 械 費
              工            │      ├ 準備工事 ─┤          └ 地下室調査      外 注 費
              事            │      │           └ 測 量 工 ┬ 基本測量
              価            │      │                     ├ 墨だし測量
              格            ├共通仮設費┤                     └ 丁張測量
                            │      │ 事業損失防     事業損失
                            │      ├ 止施設工事 ── 防止施設工
  請                        │      │
  負                        │      ├ 安全対策工事 ── 安全対策工
  工                        │      │
  事                        │      ├ 役務工事 ── 役 務 工
  費                        │      │
                            │      ├ 技術管理工事 ── 技術管理工
                            │      │
                            │      └ 営繕工事 ── 営 繕 工
                            │                            ┌ 労務管理費
                            │                            ├ 法定福利費
                            │                            ├ 補 償 費
                            │                            ├ 設 計 費
                            └ 現場管理費 ─────────────┤ 租税公課
                                                        ├ 地代家賃
                                                        ├ 保 険 料
                                                        └ 従業員給料
                     ┌ 一般管理費 ┬ 資金利息         ┌ 従業員賞与
                     │          └ 本支店経費       ├ 退 職 金
                     │                           ├ 福利厚生費
                     ├ 利  益                    ├ 事務用品費
                     │                           ├ 旅費交通通信費
                     │                           ├ 調査研究費
                     └ 消 費 税                   ├ 交 際 費
                                                 ├ 広告宣伝費
                                                 ├ 会 議 費
                                                 └ その他
```

図5.7　実行予算構成（例）[1]

表 5.10 には、型枠作業を例に、張付計算、歩掛計算の解説を示した。

表 5.10 各計算式の比較計算表（型枠作業労務費、1,000m² 当たり）[1]

項目	張付	歩掛	単価	金額
張付計算	型枠工 3人/30m²・日 普通作業員 1人/30m²・日	0.1 人/m²・日 0.033 人/m²・日	@24,000 円・日/人×0.1 人/m²・日 ＝2,400 円/m² @15,800 円・日/人×0.033 人/m²・日 ＝521 円/m²	(2,400+521) 円/m² ×1,000m² ＝2,921,000 円
歩掛計算		型枠工 0.1 人/m²・日 普通作業員 0.033 人/m²・日	@24,000 円・日/人×0.1 人/m²・日 ＝2,400 円/m² @15,800 円・日/人×0.033 人/m²・日 ＝521 円/m²	同　上
単価計算			型枠作業単価 2,921 円/m²	2,921 円/m² × 1,000m² ＝2,921,000 円
一式計算				型枠作業一式 ＝2,921,000 円

(a) 張付計算

1つの作業グループが、一定の期間にできる作業量から作業単価内訳を算出する方法であり、最もオーソドックスな方法である。

(b) 歩掛計算

歩掛に単価を乗じることにより機械・労務・材料の作業単価を算出する方法であり、過去の実績等から歩掛が把握されている場合に使用する。

(c) 単価計算

機械、労務、材料等の内訳を示すことなく作業単価相場が形成されている工種に使用する。

(d) 一式金額計算

一式計上する場合であり、小規模な工種に用いる。

(2) 仮設費・現場管理費の算定

仮設費、現場管理費は見積時には一部で率計算も用いられることがあるが、実行予算では、積上げ計算が原則である。電力用水光熱費等は国土交通省の積算基準では、歩掛との対応から直接工事費や共通仮設費に分解されている。しかし、実行予算では、支払いの関係も考慮して工事全体の電力用水費を仮設費で集計計上されるのが一般的となっている。

(3) 一般管理費等の算定

　積算基準の一般管理費は、実行予算では次のようになっている。
(a) 資金利息
(予想支出高－予想取下高)×(金利)により計算される。
(b) 本支店経費
請負金額に一定の率を掛ける等により算定される。
(c) 利益
請負金額と(工事原価＋資金利息＋本支店経費)の差から算定する。

5.3.4 実行予算作成の留意点

(1) 調達計画および単価の確認

　契約後、材料・労務・機械等の調達先については、十分な考慮の上に決定されなければならない。検討にあたっては、単価が妥当であるかどうか実勢単価を参考にして慎重にチェックする。

(2) 作業単価および算定基礎の確認

　作成された作業単価が適正であるかどうかを、同種・同規模工事実績を参考に検討し、単価、歩掛、張付人員、作業能力等に対する算定基礎が明確かどうかをチェックする。

(3) 計算間違い・内容の脱落・重複のチェック

　桁違い、単位違い等がないかをチェックする。例えばマクロ的に考える場合、鉄筋においてはコンクリート $1m^3$ 当たり $120kg/m^3$、型枠量では、コンクリート $1m^3$ 当たり $3.2m^2/m^3$ 等のように、常識的な尺度や、別の見方からチェックする。また、各工種項目間で対比検討し、重複、同種項目間の差異等についてチェックする。

(4) 要素別集計上の確認

　工種別集計ができたら要素別集計を行い、合計が一致することはもちろんのこと、内訳も対象項目をチェックし類似工事と対比する等、間違いのないことを確認する。

(5) 工事原価のチェック

　集計金額は、同種・同規模工事の実績等による通念的単価(例えばコンクリート m^3 当たり〇〇〇〇円等)によりチェックしてみるのが大切である。その差が大きいときはその原因を追求し、納得できる工事条件の違いを確認しなければならない。

第6章 施工管理と原価管理に関するマネジメント

6.1 施工管理概論

6.1.1 施工管理の概念

建設事業における工事の施工は、所定の工期と費用で、決められた品質と形状をもった工事目的物を建設することが要求される。その最大の特徴は、異なった現場で単品の製品を施工することであり、工場で大量の製品を生産する場合とは種々の点で異なる。

そのため、工事によって生産するときの生産管理を特に施工管理と呼んでいる。施工管理と生産管理については、その手法において異なった点はあっても、その概念や考え方は同じものであるといえる。なお、生産管理における生産計画を、施工管理では施工計画と呼んでいる。

ここで、施工計画管理に関する用語の解説を以下に掲げる。

① 施工計画とは、労力(Men)・材料(Materials)・方法(Methods)・機械設備(Machinery)・資金(Money)等から成る施工手段を準備することをいう。

② 施工管理とは、所定の構造物を築造できるように種々の手段を講ずることをいう。施工管理は十分に検討された施工計画のもとで、品質管理、工程管理、原価管理、安全衛生管理という4つの柱に支えられ、その他に社会的要件を充たすために環境保全管理・情報管理・その他の管理によって成り立っている。

③ 品質管理とは、施工手段が各々満足できる状態にあるかどうかを調べ、悪いところがあればそれを修正して、所定の品質、形状の目的物が築造できるようにすることである。このうち、特に、形状、寸法の管理を出来形管理という。

④ 工程管理とは、施工計画通りに工事が進んでいるかどうかを調べ、遅れているときには、その要因を調査し、必要ならばその対策を立案することである。

⑤ 原価管理とは、工事の進み具合に応じて、予定した費用で工事が進捗しているかどうかを調べ、予定の費用を超えている場合にはその原因を調査し、必要に応じてその対策を立て予定内に収めること(原価統制)と、既に決定している現在予算に対して、工法等を工夫して予算の低減を行い目標以上の利益を確保すること(原価低減)をいう。

⑥ 安全衛生管理とは、工事にあたり、労働者や第三者に危害を加えないように、工事現場の整理整頓、安全衛生計画の検討、安全施設の整備、安全教育の徹底、労働者の健康管理などを行うことである。

⑦ 環境保全管理とは、環境破壊を引き起こさないための管理である。環境(生活環境、自然環境)の保全については厳しい制約がつけられており、今後はこの管理が十分行われないと工事の実施が不可能になってしまうことも覚悟しなければならない。

⑧ 情報管理とは、工事の計画や管理に必要な各種情報を効率的に収集、伝達、処理することにより、それらを効果的に利用するとともに、将来の計画などの資料として使いやすいように蓄積することを目的としている。工事を行っていく上で企画、調査・設計、契約、施工、引渡し、アフターケアまで各種の段階で情報が収集される。

これらの情報を有効に利用していくためには、情報の組織的、かつ、科学的な収集、処理、蓄積とそれを目的に応じて適宜利用することができるシステムの確立が不可欠である。

6.1.2 建設工事の特徴と施工管理

建設工事の特徴を整理すると、次のことがいえる。
① 建設工事は一工事ごとの単品の受注生産である。
② 建設工事は現地生産が主体となる。
③ 建設工事は特定された場所で行われる。

このような建設工事の特徴は、次のような影響を施工管理に与える。
ⅰ) 現場一品生産であるから、施工管理手法も工事の規模その他によってそのときに応じた手法を組み合わせる必要がある。
ⅱ) 現場生産部分が多いため、生産環境が一定せず簡単に統計的手法をそのまま応用することは難しい。
ⅲ) 交換が不可能なため、施工段階での厳密な管理が重要となる。

そのため、図 6.1 に示すように、「計画(P)→実施(D)→検討(C)→処置(A)」が 1 サイクルとなって連続的反復進行する施工管理が要求される。

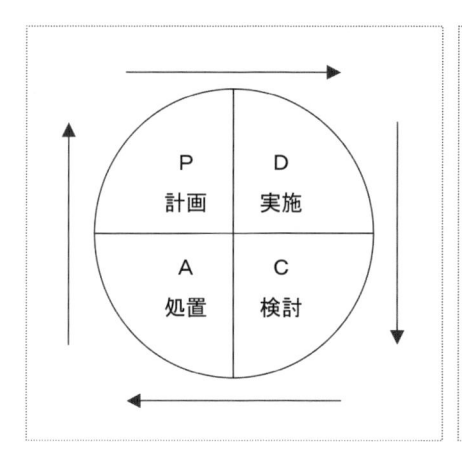

```
┌─────────────────┬─────────────────────────────────┐
│        P  │  D  │ ①計画を立てる。(計画段階)        │
│      計画 │ 実施│ ②計画に基づき実施する。(実施段階)│
│        A  │  C  │ ③実施結果を計画と対比する。(検討段階)│
│      処置 │ 検討│ ④実施と計画のズレを検討した結果、適切│
│           │     │   な是生措置をとる。是正措置だけでは対│
│           │     │   応できないときには、当初の計画に修正│
│           │     │   を加え、修正計画を立てる。(処置段階)│
└─────────────────┴─────────────────────────────────┘
```

図 6.1　施工管理のサイクル

このように、施工管理は図 6.1 のサイクルの各段階を踏みながら、品質、工程、原価、安全等の管理機能を発揮させ、各々の機能に関連性を持たせて進めていくことが求められる。

6.1.3　品質、工程、原価の関わり

施工管理を支える大きな柱は、前述の通り、品質管理、工程管理、原価管理、安全衛生管理である。この 4 つの管理項目は、工事目的物の質を良く(品質管理)、工期を早く(工程管理)、原価を安く(原価管理)、さらに安全に(安全衛生管理)施工するための管理活動である。

これらのうち、品質・工程・原価の 3 つの管理は、一般に図 6.2 に示すような関連性があるものとされている。

(1)　工程と原価の関係

施工速度を遅め施工量を少なくすると、単位施工当たりの原価は高くなっていく。また、極端に施工速度を速め過ぎる突貫工事になっても、単位施工量当たりの原価は高くなるのである。施工速度には最適の速度があり、その時の単位施工量当たりの原価が最も安いと考えられる。その関係は曲線 a で示される。

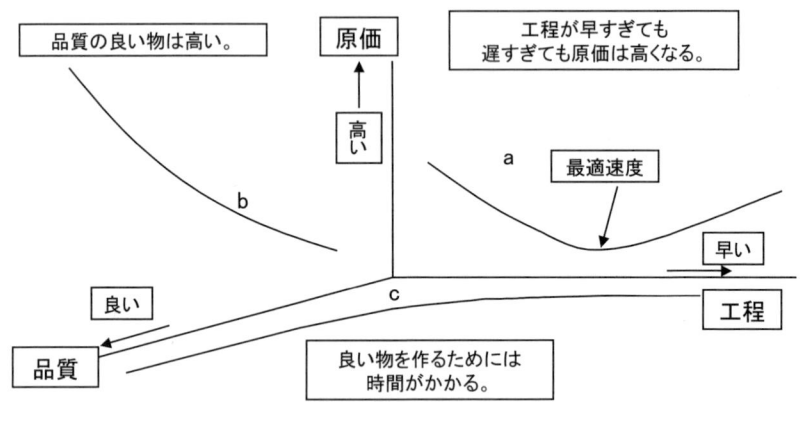

図 6.2　工程・原価・品質の一般的関係

(2)　品質と原価の関係
　一般に良い品質のものは原価が高く、悪い品質のものは原価が安くなる。その関係は曲線 b で示される。
(3)　品質と工程との関係
　一般に品質の良いものを得ようとすれば工期は長くなり、品質の悪いものでよければ工期は短くて済む。その関係は曲線 c で示される。
　このように、品質、工程、原価には相反する性質と、相乗ずる性質の関係にある。これらの性質を調整し、品質と工期を守り、できるだけ安く工事を進めていくとともに、安全衛生管理、環境保全管理等も含めて施工計画を立て、計画通り工事を進めていくことが施工管理の理想的な姿であり、そこに施工管理の意義がある。

6.1.4　請負工事と施工管理
　建設事業の工事は請負工事として発注され、施工者が受注して施工する。施工者は工事を受注すると、次のような過程をとり工事を完成に導き、発注者に工事完成物の引渡しを行うのである。
　この間、受注者は所定の工事目的物を築造するために、施工管理を適切に実施することが要請される。このように、施工管理は受注者が発注者の要求する工事目的物を建設するため、受注者自らが行うものであることを認識しなければならない。

① 施工者は受注後、施工計画を検討し、その案をとりまとめて発注者に説明し、発注者と協議し承認を求めて提出する。
② 発注者は受注者が作成した施工計画を検討し協議に応じ、不備な点について修正を申し入れ承認する。
③ この施工計画(案)は関係する機関に許可または承認等を受ける。
④ 施工計画が確定すると、この計画に基づき工事を実施する。
⑤ 工事中は適切な品質管理、工程管理、原価管理、安全衛生管理などを受注者が適正に実施する。
⑥ 発注者は工事中自らあるいは委託者によって監理を行う。
⑦ 工事が完成すると、受注者は目的物が所定の通り完成しているかを検査する。
⑧ 発注者は、受注者から工事完成の通知を受けたときは、完成物が所定のものになっているかどうかを検査する。
⑨ 発注者は、検査に合格していると認めたときは完成物の引渡しを受ける。

6.2 原価管理と利益

6.2.1 原価管理
(1) 原価管理の必要性

建設企業の理念は、社会が必要とする価値ある建設物を、いかに安く提供しうるかの研鑽と努力にある。目的物を作り上げてゆく要因は、多種多様の材料、延べ数万から数百万という従事者、多数の施工機械などの資源をロスなく、無駄なく、使いこなしてゆくことが何よりも重要である。

したがって、計画の善し悪し、担当者の能力と経験、発注者の指示連絡や相互のコミュニケーション、トラブルの予測と回避措置の巧拙、従業員の志気や意欲などによって、ロスは大きくも小さくもなる。いずれにせよ、建設施工に関わるロスのすべてに挑戦することが建設マネジメントの本質といえる。

ロスには、無駄・浪費の他、他の方法をとればもっと安く仕上がったとした機会損失を含んでいる。そのため、新材料・新機械・新工法の研究開発が要求されるし、新しい設計法や管理手法も必要である。

原価管理の目的は、まず原価を引き下げることを目的とし、さらに設計変更その他発注側との見積り協議に役立つ資料であること、見積りのための重要な原価

資料となること、経営管理者がとるべき経営戦略に役立つことなどが挙げられる。

現場においては、予算と実績を対比して今後の支出見込み、予算との増減見込み等を算出し、最終原価がどのようになるかを把握しなければならない。

その結果、予算を超過すれば技術的アプローチを要するコストダウンが必要となるので、さらに詳細な作業内訳に基づいて原価を分析比較して、改善するための問題点・改善策を検討し、最善のアクションを取らなければならない。

このように管理をすることによって、問題点を把握し、アクションを取ることができるのである。工事が終わらないと原価の把握も問題点もわからないのでは、企業として経営は成り立っていかない。このために原価管理は必要なのである。

(2) 原価統制と原価低減

現場で行う原価管理(コストマネジメント)には、原価統制(コストコントロール)と原価低減(コストダウン)とがある。両者とも利益を確保するという目的は同じであっても、そのやり方、考え方は同じではない。

原価統制(コストコントロール)とは、あらかじめ決めた実行予算を目標にして、工法等を工夫し原価の低減を行い予算以上の利益を確保することと、予算内での実行が不可能な場合に予算内に収めることの2種類がある。

原価を統制し予算内に収め利益を確保するためには、予算の差異分析や作業の標準化が必要になる。

一方、原価低減(コストダウン)の手段としては、価値工学(VE)等の管理技術がある。

6.2.2 原価統制(コストコントロール)

現場においては、原価を管理するために実行予算書を作成し、それを基に原価を管理している。建設業の現場において、原価管理の中心的な手段は実行予算である。建設業は注文生産であり、受注した金額が売上高あるいは完成工事高になるので、企業が一定の利益を上げるためにはどうしても受注した金額以下に完成工事原価を抑えなくてはならない。

その抑えとなるのが実行予算で、実行予算書の目的は、一定の利益が確保できるように工事原価を管理するためである。

工事原価は、物量、単価などを実行予算書の中で標準値または平均値で管理し、作業内容などについては標準化して能率を上げる。

こうした原価管理は、利益を出すため一定のガイドラインを設定し、ガイドラインを超えるものについては、経常的にその原因を発見し、現場にフィードバッ

クして是正活動をとるもので、これをコストコントロールと呼んでいる。
　コストコントロールは、次の4ステップを反復するものであり、その目的とするところは、原価を一定水準に維持し、統制することにある。

コストコントロール
① 原価や作業内容の標準化等の設定と伝達
② 原価や作業内容の標準化等の指導と規制
③ 実績と標準的な原価との差異分析、作業の標準化等の結果の報告
④ 現場へのフィードバックと是正活動

　その対象領域は、収益との関係が合理的に測定できる現場が中心となり、間接部門は収益との関連が不明瞭なため部分的にしか管理できない。
　コストコントロールを実施するには、様々な手法が用いられるが、ここでは差異分析と標準化について述べる。

(1) 差異分析

　コストコントロールは、上に示した4つのステップに分けられるが、差異分析は、この第3ステップで示した「実績と標準的な原価の差異分析、作業の標準化等の結果の報告」に相当する。
　原価を管理するためには、目標とすべき標準的な原価を設定しなければならない。この標準的な原価は各部門に伝達され、現場の作業を担当する人々が作業に関係する物量、単価等の標準価格を知ることにより、はじめて有効な目標となる。このように原価意識を社員が持つことが大切である。
　管理者は、日常の業務活動を、これらの標準的な原価に向けて具体的に指導、規制していくことになる。
　一定期間作業が続行されると、実際に発生した原価としての実績が記録、集積される。この実績を標準的な原価と比較し、一致していれば問題はないが、ある程度の価格との相違(価格差異)が発生することは避けられない。
　この差異は多くの場合、現場の非能率を示すので、その差異を分析して、発生原因を追及しなければならない。差異分析の結果は、現場に再びフィードバックされ、標準的な原価の改訂、修正などを通じて次の業務活動に役立てられる。
　差異分析は非能率や異常の存在を指摘し、審査することを目的とした会計的な分析である。重要なことは、差異をもたらした真の原因を発見することと、発見された原因について、速やかに是正活動をとることである。

こうした経常的差異分析とフィードバック活動ができるように工夫しなければならない。差異分析の簡単な事例を次に示す。

```
［データ］　材料購入
・実際に使用した材料消費量　　350t
・標準的な材料消費量　　　　　300t
・実際の材料購入価格　　　　　190円/t
・標準的な材料購入価格　　　　200円/t
```

```
　　　　　　　材料の総差異
・標準総金額　300t×200円/t ＝60,000円
・実際総金額　350t×190円/t ＝66,500円
・総差異　　　　　　　　　▲6,500円(不利)
```

トータルの総差異は不利な差異となっているので、この原因を分析する。そのため、総差異を価格と消費量に区分して考える。

```
価格差異　＝(200円－190円)/t×350t ＝3,500円
消費量差異＝(300t－350t)×200円/t　＝▲10,000円
```

この差異分析の結果から明らかなことは、材料購入の際に価格ではかなり有利な設定となっていた。しかし、工事での使用量は標準的な場合と比較して大幅に食い込んでしまったため、トータルでは相殺されて総差異は不利な結果となった。

これは、工事での消費量が通常より多かったのが原因であり、施工上での間違いあるいは作業の不熟練等の理由が考えられる。

(2) 作業の標準化

施工に関わる作業標準の設定と実行は、品質管理や原価管理の基本であり、社内における標準化の中心課題である。現場の作業においては、一定の方法、型、決まりがある。したがって、作業をよく分析検討して、作業者によって方法に違いが出ないよう、標準化を行い、所定方式によりマニュアル化しておくことが必要である。

作業標準とは、作業条件、作業方法、管理方法、使用材料、使用設備、その他、注意事項などに関する基準を規定したものである。つまり、作業のやり方、行動について規定したものを作業標準という。

作業標準書は、施工に関わるすべての者に対して、このように作業をしなさいと指示を与えるものである。作業標準を設定することは、ただ能率管理の面だけでなく、品質管理の面でも、原価の面でも、また安全の立場からも必要なものである。

この内容は、作業の仕方や要因を重点的に捉えていること、抽象的でなくてわかりやすい内容のものであること、責任と権限がはっきりしたものであること、またそれぞれの事項に矛盾がないことなどが必要な条件となる。

作業標準書の内容には、業種によって異なるが、一般的には次のようなものが含まれている。この作業標準は、各々の現場の施工条件等を勘案し、その現場に合った作業標準となるように工夫・改善しなければならないことはいうまでもない。

---

a.「適用範囲」　b.「使用する原材料・部品」　c.「使用する機械・設備」
d.「作業方法と作業条件」　e.「作業上の注意事項」　f.「作業の標準時間」
g.「事故の場合の処置の仕方」　h.「作業の原単位」　i.「使用する機械・設備の保全」
j.「作業の管理項目と方法」　k.「作業人員と作業資格」　l.「作業工程の順序」

6.2.3　原価低減（コストダウン）

実行予算は実施計画を金額で示したものである。現場は1回限りの生産工場である。そこで、使用しうる諸資源や施工方法により、同じ努力を払っても、その巧拙の違いや経験差により利益などにかなりの幅が出てくる。

このような利益確保の機会損失を防ごうというのが、コストダウン本来の意義である。どの企業どの現場でも、コストダウンのための努力を傾けて施工している。従来のコストダウンの主流は、材料と人に対するいささかの無駄や浪費も極力防止しようとした点にあったと思われる。しかし現在では、経営のすべての面に及ぶ全体的コストダウンが求められる。

すなわち、工事材料や施工機械の調達、施工法の改善や代案による施工、協力会社調達の検討によるコストダウン、トラブルの予測とその対応、従事者の教育訓練と適切な配置、本支店の支援などがすべてコストを低下させうる要因となることを理解せねばならない。

つまり、種々のコストに影響する要因を分析し、最適なバランスのもとでの施工計画と、きめ細かな管理によるコストダウン活動が要求される。

(1)　施工計画段階のコストダウン

最も基本的なコストダウン分野である。確保する資源（人・物・機械など）の効率的使用の工夫、経済的工程速度の決め方の2つが肝要となる。この際のコストダウンのポイントを列挙する。

① 作業員の職種ごと、時期ごとの所要数を合理的に算出する。
② 工程表に含まれる無理・無駄・ムラを排除する計画を立てる。
③ トラブルの先見力による予防やトラブルを適切に対処する。

(2) **工期短縮によるコストダウン**
① 工期短縮は、施工量の増大、機材の転活用など波及的メリットが大きく、また、現場経費の低減に寄与し、直接コストダウンにつながる。
例えば契約後、できるだけ早く本工事に着手しなければ、当初の10日間のもたつきは1カ月以上の回復努力を必要とすることもある。
② 施工途中での計画的な工期短縮対策も有効となる。ある作業の工程速度を高めることで、全体の稼働の流れが好転するケースがある。このため、仮設備容量にある程度余裕をとることや労働需給に沿った工程の拡大を図ることもある。

(3) **調達段階におけるコストダウン**
① 技術的根拠に基づいた適正価格の折衝をすること。
② 協力会社との協力意識を深め、原価引き下げの努力を絶えず試み、それによる協力会社の企業努力を十分に評価し、発注する仕組みを研究する必要がある。

(4) **生産資源の無駄排除によるコストダウン**
① 機械および仮設資材の転用を図ること。
② 工事材料のロスを低減すること。
③ 作業員の稼働率を上げること。

6.2.4　価値工学(Value Engineering)
(1) **VEの目的**

コストダウンの手段としての価値工学(Value Engineering 以下、VE)について述べる。VEはアメリカGE社のローレンス.D.マイルズによって確立したValue Analysisを基本として、アメリカ国防省の船舶局が管理技術として確立した手法である。

VEは昭和33年(1955)の始めに紹介されたが、当時は神武景気といわれた好景気であったので、本格的に導入されたのは景気が落ち込んだ昭和35年(1960)頃からである。VEは当初、製造業の材料コスト低減に導入され、その後、工程・組織・設計面へと展開していった。建設業においては、昭和46年(1971)頃に導入され、数多くの利益を上げている。

VEの目的は、次のように定義され、製品(構造物)やサービス(工法)のV(価値)の向上にある。

V(価値)＝F(機能)／C(コスト)
　　　V(価　値)：[満足の度合い]
　　　F(機　能)：[得られた効果の大きさ]
　　　C(コスト)：[支払った費用の大きさ]

価値向上には以下の4つのケースがある。
① 同じ機能のものを安いコストで手に入れる。
② より優れた機能を果たす物を、より安いコストで手に入れる。
③ 同じコストで、より優れた機能を持った物を手に入れる。
④ 少々コストは上がるが、より優れた機能を持った物を手に入れる。
これを表にすると次のようになる。

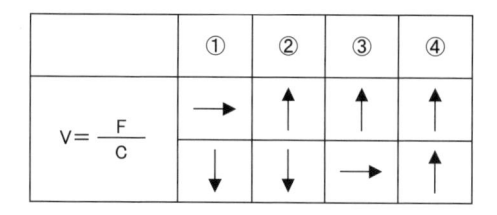

	①	②	③	④
$V = \dfrac{F}{C}$	→	↑	↑	↑
	↓	↓	→	↑

(2) VEの考え方

VEの考え方は、工事の材料、施工法、安全等の問題点を解決する場合に、その物または作業の働き(機能)を損なわずにコストを下げる手段がないかを衆知を集めて体系的に考える手法である。

改善案を探る基本的な考え方は以下の通りである。
① 工事着工時に施工上の問題点を検討してテーマを抽出する。
② それは何のために存在し、何のために行っているのか、その物、または作業の「機能」を分析する。
③ その「機能」を満足させると同時に、コストの安い物や工法を創造的な考え方で組織的に作成する。

(3) VE の事例

　この事例は、宅地造成工事における雨水貯留池基礎の改善について VE を実施したものである。地質調査の結果、基礎地盤は火山灰質風化粘性土の軟弱層が確認されている。原設計では地質が軟弱であるため、雨水貯留池の基礎構造を杭基礎としていた。この工事では、各種の制約条件により、特に工期の確保と原価の低減が要求されていた。

　地質調査の結果を参考にして、「原設計の杭基礎構造」と「雨水貯溜池の構造変更＋地盤改良による直接基礎構造」を比較検討した。

　検討の結果、次のような改善案を提案し採用された。

① 　L 型杭基礎構造を U 型一体構造に変更し、地盤反力の低減を図る。
② 　所定の支持力を確保するため、セメント系改良材で基礎地盤を改良し、杭をなくす。

　この提案により、発注者にとっては工期の短縮と工事費の縮減を達成し、受注者にとっては利益の増加をもたらすことができた。

　この事例のような「契約後 VE」に対しては、通常、受注者に対するインセンティブとしてコスト縮減額の 50％を受注者に支払うこととして契約額の変更が行われる。

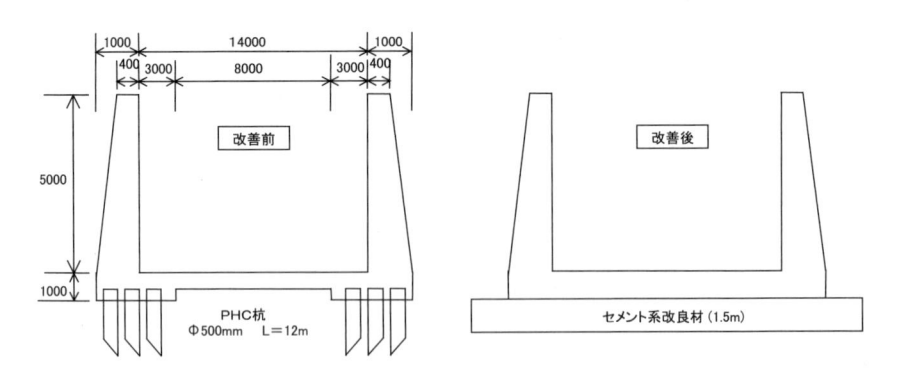

図 6.3　雨水貯溜池基礎の VE 事例

　VE 効果の総括表とコスト比較の詳細を**表 6.1** と**表 6.2** に示す。

表 6.1　契約時の契約額と原価

工　種	数　量 (m 当たり)	契　約		原　価	
		単　価	金　額	単　価	金　額
型　枠	23m	7,000	161,000	6,000	138,000
鉄　筋	1.5t	140,000	210,000	130,000	195,000
コンクリート	17m^3	17,000	289,000	16,000	272,000
PHC 杭	3 本	120,000	360,000	110,000	330,000
m 当たり			1,020,000		935,000
L=50m 合　計			51,000,000		46,750,000
施工利益			4,250,000		

表 6.2　VE 提案後の契約額と原価

工　種	数　量 (m 当たり)	契　約		原　価	
		単　価	金　額	単　価	金　額
型　枠	22m	7,000	154,000	6,000	132,000
鉄　筋	2.0t	140,000	280,000	130,000	260,000
コンクリート	23m^3	17,000	391,000	16,000	368,000
地盤改良	27m^3	5,000	135,000	4,000	108,000
m 当たり			960,000		868,000
L=50m 合　計			48,000,000		43,400,000
施工利益			4,600,000		

6.2.5　原価管理の実際
(1)　個別工事の原価管理

　これまで原価管理の基本的事項について述べてきたが、この項では個別工事の原価管理が実際どのように行われているかについて述べる。

　現場での原価管理は、実行予算と発生した原価とを対比して、予算内で工事が進行しているか、また最終原価がどのようになるかを把握し、さらに問題点への対応を図り、工事を円滑に実行するために行うものである。

　工事を受注したら、まず施工方法を検討して最善の施工計画を立案し、施工計画に基づき実行予算を作成し、上部機関(支店または本店)の決裁を得て、この予算書を基に専門工事会社と契約して工事を進める。

　工事を施工するためには、工事の種類により異なるが、数社から数十社の専門工事業者と契約しなければならない。また、契約は一専門工事業者と数回の契約

をすることが多い。原価管理において契約は非常に大切であり、工事原価は契約によってほぼ決定する。

そのため、現場ではお互いが納得した上で予算以内で契約するよう努力する。また契約も実行予算と同様に上部機関の決裁を得る必要がある。契約が完了し施工段階になると、元請は専門工事業者が契約内で施工できるように管理するとともに、お互いが利益を得るように現場運営することが大切である。

施工が進むと、契約に基づき専門工事業者に工事代金を支払わなければならない。支払いは毎月の施工出来高(施工した量を金額で表す)に応じて支払われる。受注者は専門工事業者の請求書をチェックし、問題がなければ出来高に応じて工事代金を支払うのが通例である。

したがって、受注者の出来高の管理は非常に重要である。この出来高の管理が不十分であると、専門工事会社へ実績以上の支払いが生じることや、発注者との契約以上の仕事をしても気がつかない等の問題が発生する。

また、管理のチェックポイントでもある断面損益(現状での出来高と発生原価との差で、これによって予算と実績との対比ができる)の判断を誤る結果ともなる。このことは、後に発生原価が予算を上回る等の最悪の事態を招きかねない。

現場においては発生原価の把握と最終原価の確認を行い、予算と対比して問題があればそれに対し修正処置をとることが重要であり、このためにも、毎月の出来高管理が十分に行われなければならない。

図 6.4 に現場での管理フローを示す。

(a) 工事下請負契約

工事を受注し施工を開始するためには、専門工事業者を選定し下請契約を締結する。専門工事業者の選定にあたっては、施工能力、経営内容等を十分に勘案する。契約に際して担当者は、1契約について数社を選定し、図面・数量表・見積条件を明示して専門工事業者より見積りを徴収する。

実行予算を基に専門工事業者の見積書の内容を検討し、各専門工事業者と見積額について協議し、工事代金を決定する。上部機関の決裁を受けて、基本的には低価格を提示した会社と契約する。

契約には各社いろいろな書式があるが、一例を下記に示す。

 i) 専門工事業者選定および見積提出段階
    外注業者選定予定表、見積依頼書、下請負工事見積条件書(案)

 ii) 交渉段階
    外注工事発注伺、見積書、外注内訳書(予算と見積りを対比)

ⅲ) 契約段階

注文書、注文請書、工事下請負契約約款、下請負工事見積条件書

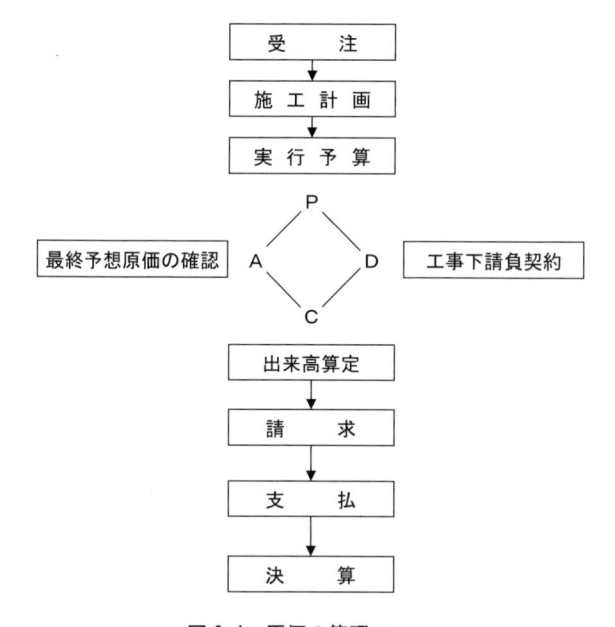

```
          ┌─────────┐
          │ 受   注 │
          └────┬────┘
               ↓
          ┌─────────┐
          │ 施 工 計 画 │
          └────┬────┘
               ↓
          ┌─────────┐
          │ 実 行 予 算 │
          └────┬────┘
               ↓
                 P
               ╱ ╲
┌──────────────┐ A   D ┌──────────────┐
│ 最終予想原価の確認 │     │ 工事下請負契約 │
└──────────────┘ ╲ ╱ └──────────────┘
                 C
               ↓
          ┌─────────┐
          │ 出来高算定 │
          └────┬────┘
               ↓
          ┌─────────┐
          │ 請   求 │
          └────┬────┘
               ↓
          ┌─────────┐
          │ 支   払 │
          └────┬────┘
               ↓
          ┌─────────┐
          │ 決   算 │
          └─────────┘
```

図 6.4　原価の管理フロー

(b)　出来高算定

施工が進行するに伴い、前述の通り、専門工事業者に工事代金を支払わなければならない。支払いは毎月の施工出来高により支払われるので、現場では出来高を算定するために出来高調書を作成し出来高管理を行っている。

この出来高調書は、終始一貫した管理ができるように実行予算項目に合わせて作成し、専門工事業者への支払いのチェックに使われ、月々の出来高を適正に算定する。

(c)　請求・支払い

専門工事業者も元請と同様に出来高を算定し、それを基に請求書を作成し元請に提出する。元請は出来高調書を基に請求書をチェックして、問題がなければ工事代金を支払う。

(d)　発生した原価と最終予想原価の確認

各元請によって書式の違いはあるが、工事原価元帳、原価計算書等の管理台帳

を基に発生した原価および最終原価の確認を行うとともに、予算と対比して問題点に対応しながら原価を管理している。

最終原価の確認は工事の進捗に合わせ途中段階で、この工事が最終的に予算内に収まるかどうかを確認し、今後の対応を検討するための管理であり、最終的にどの程度の原価が発生するかを予想するものである。

 (e) 予算との対比・処置

最終原価を把握し、実行予算と対比して予算内に収まるかどうかを確認する。予算をオーバーしている場合は、予算内に収めるための対策を立て、それを確実に実行することが重要である。予算オーバーの要因としては2通りあり、当初から予算にはあるが予算以上の原価が必要となった場合と、予算に見込んでないもの(契約外)の原価が発生する場合がある。

前者は再度内容を検討し予算内に収めるよう努力する必要がある。この場合はVE手法等により、コストダウンを図り、今後の発生原価を引き下げる必要がある。後者は、いわゆる設計変更の対象となるものである。

(2) 工種別原価管理と要素別原価管理

原価管理の方法としては、工種別と要素別がある。

工種別管理は、発注者の積算項目に準じており、出来高・取下げ・設計変更等、対発注者に対する管理業務に適している。

一方、要素別管理はほぼ支払先別に整理でき、協力会社との支払管理に適しており、全体利益を迅速かつ的確に把握できるなど、**表**6.3に示すような利点がある。

現場での原価管理には、工種別および要素別の両方の原価管理を各々の管理目的に応じて行うことが必要である。

 (a) 工種別整理費目と要素別整理費目

費目とは、原価管理業務を行っていく上で、契約、支払い、振替等実績の把握、今後の支払予定、予算との対比など費用項目別に整理したもので、工種別整理費目と経理上の要素別整理費目とがある。

  ⅰ) 工種別整理費目

    発注者の設計書、提出見積書等の内訳は、掘削、コンクリート打設等、工種別または作業工程別の工事科目であり、このため出来高管理、取下げ、設計変更、見積り等の原価管理業務は、工種別費目によって行われているのが実態である。

ⅱ) 要素別整理費目

　国土交通省令の定める完成工事原価報告書は、原価を材料費、労務費、外注費および経費の4要素別に区分して報告するよう義務づけている。

　要素別整理費目とは、これに対応するように、上記の4要素を鉄筋費、生コンクリート費、杭打費、仮設経費等の細かい項目に区分して把握できるように定めたものである。

表6.3　工種別および要素別原価管理の利点一覧表

工種別原価管理の利点	要素別原価管理の利点
1. 工事の進捗状況に合わせて、施工中の工種のみを中心に管理することになり、原価管理が行いやすく、施工中の工種に対する損益状況の把握が早く、問題がある場合、早く適切な措置が取れる。 2. コストダウンにつながる工法、改善等の検討に適している。 3. 発注者の請負金内訳明細書に対応させて原価管理を行うので、設計変更に対する理解が容易である。 4. 施工高の算出が容易である。 5. 残工事費の算出が容易である。 6. 工事完成後に作成する原価実績等の資料作成提出が容易である。 7. 若年層にも理解しやすく、職員の原価意識の高揚に役立つ。	1. 要素区分と支払先とがほぼ一致しているので、支払実績の整理および支払見込みの把握等が容易である。 2. 支払先別の重点管理が容易である。 3. 最終工事原価の算出において、重複計上等の間違いがなく的確にできる。 4. 要素単位で全体的に把握管理することが必要な仮設資材に対しては管理が容易である。また、これらの管理を資材等の担当職員ごとに分割して原価管理を行いやすい。

(b)　原価配賦

　工事に関わる現場職員の賞与および退職給与引当金、技術部門に依託した調査、研究事項の費用、設計部門費等の予定賦課額は、全社の共通経費とみなされるが、税法上個別工事ごとに適正に計算した配分額を工事原価に配賦（個別の工事原価で負担）することが原則とされている。

　なお、予定配賦額と実際に工事原価に配賦した金額との差額については、共通費として会社全体の完成工事原価に原価差額として一括配賦する。

(3) 工事完成基準と工事進行基準

　工事完成基準は、工事が完成し、その引渡しが完了した日に収益を計上する基準で、実質の引渡し基準である。この場合、工事事務所からの原価管理報告の最終予想粗利益の報告値は完成時点を予想したものである。

工事進行基準は、「生産による損益は、工事進行度に応じて比例的に発生していると考えるべき性質のものである」という観点に立つものである。進行基準の算定方法には、原価を基準とするもの、工期を基準とするもの、工数を基準とするもの等がある。

一般的には施工高の算定は、次式で示すように、税法等で採用されている原価算定基準によっている。

> 施工高＝支出金累計÷（1－最終予想粗利益率）
>   ＝総請負金×発生工事原価÷総工事原価見積額

この施工高は、支払管理の他に現場の生産性、機械等の収支計画、完成基準の事前検討等の管理指標にも利用される。

なお、発注者の出来高認定基準では、仮設工事は施工済みであっても主工事が施工されるまでは認定されないもの、また、増減の契約が締結されていない工事は施工済みであっても認定されないもの等、発注者認定出来高と施工高とは必ずしも一致するものではないが、発注者認定の出来高は取下管理上重要である。

(4) 利益管理

利益管理計画については、長期・短期の経営計画があり、利益計画もその一環としてある。この利益計画を基に実行予算が組まれ、個別工事の原価管理が行われている。各社とも年度利益計画を立て目標値を達成するために、各部門ごとに目標値を与えて管理している。

(a) 工事損益管理

工事損益とは「工事価格－工事原価」で表す。建設業においては利益の大部分が工事損益によって占められる。このために全社、支店、個別工事ごとに工事損益の目標値を設定し予想値と比較して管理する。全社の工事損益は各支店の集計であり、支店の工事損益は各工事の集計となる。よって、個別工事の工事損益が全社の利益を大きく左右する。

個別工事の管理は、原価管理が主体であり実行予算を基に管理しているが、工事損益の目標値を新たに与えられると、その目標値に対し現場においては最終予想原価の再見直しを行い、目標との差に対し対策を検討する。

この対策には大きく分けて原価統制と原価低減との2通りがあり、原価低減については「原価低減」の項で述べたように従来の予算を変更し新しい予算を作ることであり、VE等の手法を使って検討する。

設計変更についてはいろいろなケースがあり一概には言えないが、発生原価抑制のため工法変更や施工している未契約工事の早期契約等を検討する必要がある。

このようにして、現場は最終工事損益を把握して支店等に報告する。支店および本社はこれからの報告を集計して目標値との差異を確認し、必要に応じて対応策を検討する。この工事損益を基に、本・支店では決算予想を立て管理している。

(5) 取下管理（資金回収～発注者からの工事代金の受取）

工事をするためには資金が必要であり、この資金の出入りを管理して工事収支を良い状態に保つには、未成工事受入金が未成工事支出金を上回っていなければならない。

未成工事支出金が上回れば金利負担が生じ、利益がその分マイナスになる。このために取下管理が重要になる。金利負担を少しでも軽減し利益確保に貢献するためには、発注者から早期に資金回収することが重要である。

資金回収には、契約時にあらかじめ支払条件が決められており、それに基づき発注者に請求する。この条件は発注者により違いがあり、竣工後一括払い、部分払い、分割払い等がある。

部分払いは施工の出来高により、検査をして認められた額を請求することができる。分割払いは、契約額を何回かに分け出来高に関係なく分割して支払われる。例えば工期、請負額によっても違うが、竣工までは何回かに分けて支払われ、残りは竣工後となる。

このように契約条件により異なるが、請求が遅れることによって収支のバランスが崩れ、金利負担が大きくなると、工事損益（工事価格－工事原価）で儲けても金利負担を考えると赤字となるケースもある。

このために、現場においても、取下げを管理して契約通り発注者に請求する必要がある。

(6) 設計変更に対する管理

発注者は、契約にあたって、事前に周到な調査、測量を行い綿密に設計し、現場説明において工事内容、施工条件等を明確にして契約を行っている。

しかし、土木工事は自然という外的条件に人為的な加工を加えるものであり、また長時間にわたって施工するため、予期することのできない特別の状態が生ずることが避けがたい。このような場合、設計変更により対処することになるが、そのケースとして次のような各項が挙げられる。

ⅰ) 地盤、地質または施工条件等に予期することのできない状態が生じた場合
ⅱ) 新しい工法を採用する必要が生じた場合
ⅲ) 災害等により当初の設計どおりの施工が不可能となった場合
ⅳ) 自然環境や地域の要望により必要と認められる変更が生じた場合

設計変更の必要が生じたとき、発注者は受注者と協議して協同で契約内容を変更し、請負金額、工期等の変更を行わなければならない。

もちろん、原価管理の実施にあたってはこれらの変更要素を踏まえて、残工事数量や今後の単価等を把握し残工事の支払い予想を行わなければならない。

以下に、設計変更についてそのあらましを述べる。

(a) 設計変更の定義と範囲

ⅰ) 工事単価、代価の変更

工事現場の実態によりコンクリート壁厚等の仕様の変更に伴い単価を変更すること。

ⅱ) 工事数量の変更

単価の変更を生ずることなく工事量を増減すること。

ⅲ) 一式工事費の変更

数量を一式として表示した工事のうち、受注者に設計条件または施工方法を明示したものについて、工事現場の実態により設計条件、施工方法を変更し、その結果工事費の増減を行うこと。

ⅳ) 新工種の追加

設計図書、内訳書等に設計変更に関わる工事に対応する工種がないため、工事の種別、細目等をあらたに追加すること。

(b) 設計変更の実際と処置

前記の通り建設工事のうち特に土木工事は、本質的に施工条件等における不確定要素が多い。例えばトンネル工事の施工にあたって予期しない断層破砕帯に遭遇したり、異常な湧水に悩まされたり、用地解決等により、工法の変更を余儀なくされ工期が延伸されたりすることもある。

こうした施工条件の変更を事前(工事発注時)に把握することは難しく、不確定要素によって工事内容が変更になる場合には設計変更が行われる。

施工数量の増減を除いては、契約上一切設計変更に応じなければ施工者は大きな危険負担を負うことになるし、その危険負担を工事費、あるいは契約工事単価に盛込むとすれば請負金額が増大することとなる。

設計変更は、契約書の「標準請負契約約款」第 18 条(条件変更等)の項によって処理される。しかし、実際問題には当初の施工条件が明確にされていない等の理由もあって、条件変更に伴う増加工事費は総価契約という枠組みの中に吸収されてしまい設計変更が行われない事例がある。

したがって、国土交通省では「施工条件の明示について」の通達を発しているが、いずれにしても設計変更のスムーズな実施のために、工事着工前に施工条件について十分協議する必要がある。

設計変更に関しては、直接工事費と直接工事費以外の共通仮設費、現場管理費、一般管理費に関するものがある。

直接工事費と共通仮設費の積上げ部分については工事施工の結果、契約数量の増減が発生する場合と原契約にない工種が生ずる場合がある。数量変更の設計変更時の単価は原契約の単価が採用される。

原契約にない工種が生じた場合は、いわゆる新規工種を設定するのが普通である。この場合の材料単価、労務単価については、変更指示を出した時点によるものが多く、原契約時点のものによることは少ない。

共通仮設費の率部分、現場管理費、一般管理費等は、工事費の増減に従って、変更した直接工事費に見合う率に変更する方法がとられる。

6.3 工程管理・品質管理の要点

6.3.1 工程管理
(1) 工程管理概念

工事の施工にあたっては、決められた工期内に所定の仕様書、図面などに基づいて、工事を完全に仕上げていくことが必要である。そのためには工期のほか品質等の契約条件を満足しつつ、工事の実行予算に見合って、最も能率的かつ経済的に、これらを実行していく計画を立て管理していかなければならない。

工期は着工から完成までの工程を時系列的に確保することによって達成できる。工事の品質は各工程において作り込まれ、工事の原価は各工程において発生するものであるから、工程の計画と管理を目的とする工程管理は施工管理上重要な総合的管理の手段である。

したがって工程管理は、着工から完成までの単なる時間的管理ではなく、むしろ施工活動をあらゆる角度から評価検討し、機械設備、労働力、資材などを最も

効果的に活用する方法と手段でなければならない。

また、発注者側の工程管理は、工期内に十分なる品質、精度のもとに施工されていく工事過程の管理であり、受注者側の工程管理は、発注者側の工程管理に工事経営の要素（能率的・経済的）が加えられ、最小の費用で最大の生産を上げる工事過程の管理である。

工程管理とは、完成期日を守る進度管理だけを目的とするのではなく、本質的には以上のように広範な内容を含んでいる重要な管理である。

工程管理の手順は、管理の一般的手順と同じく、計画(P)→実施(D)→検討(C)→処置(A)のサイクルで行う。

① 計画の段階
- 施工の順序、施工法などの基本的方針の決定
- 手順と日程の計画、工程表などの作成
- 労務、機械設備、資材、資金、品目、数量、所要時期などの計画作成
- 工事の指示、承諾、協議、実施、検査など

② 検討の段階
- 作業量、使用量などの実績資料の整理とチェック
- 工程進捗の計画と実施の比較、進捗報告など
- 機械、労務、材料などの手配

③ 処理の段階
- 作業改善、工程促進、再計画など

(2) 工事の原価と施工速度

工程の計画および管理にとって重要な要素は施工の速度である。

それは、次の事項に関連がある。

① 施工の経済性と品質に適合した実行性のある最適工期の設定
② 工期、品質、経済性、安全の4条件を満たす施工計画の作成
③ 工程を検討して計画工程に近づけるための修正計画の作成

などである。

原価と工程の関係は、**図 6.2** に述べた通りである。これによれば、**図 6.5** に示す通り、施工を速めて施工数量を多くすると単位数量当たりの原価は安くなるが、遅い工程速度や極めて速い工程速度では逆に原価は高くなる。

これらを総合的に調整するには、所要の品質、工期、安全性が確保できる範囲内で、工事費を最小とする工程を求めればよく、これを最適工期という。

ところで工事原価は、**図**3.1に示した損益分岐点図と同様に、**図**6.6のように示される。工事原価は施工量の増減によって影響されない固定費(コンクリートプラント等の仮設備等)と、施工量の増減によって変動する変動費(労務費、骨材、セメント等)とに大別される。

これを施工の収支関係を表す「利益図表」という。

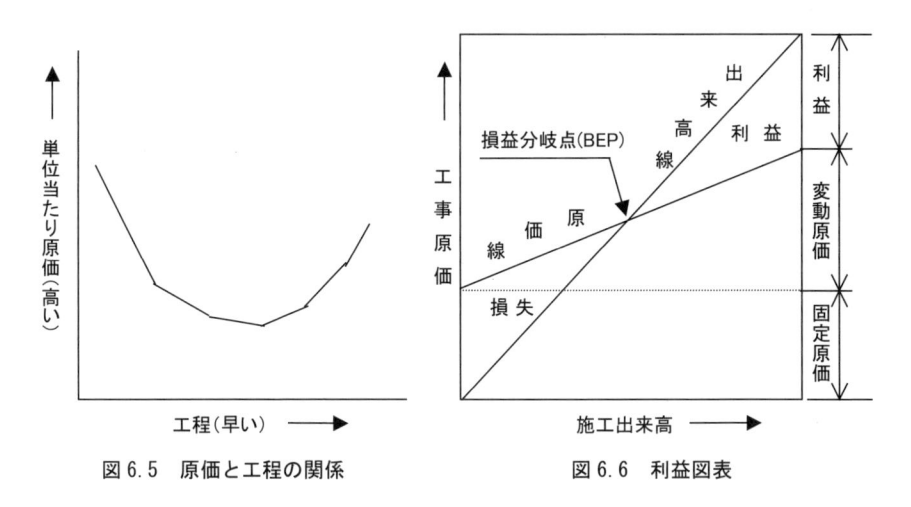

図6.5 原価と工程の関係　　　　**図**6.6 利益図表

工事の経営が常に採算状態にあるためには、損益分岐点 BEP(Break Even Point)以上の施工出来高を必要とし、このような施工出来高を上げる施工速度を採算速度(または経済速度という)と呼ぶ。

この時、利益図表上の原価線は直線状態を維持している。しかし、採算速度による施工出来高の健全な上昇には限度があり、これを超えると原価は急増する。つまり、原価は**図**6.5に示されるように勾配の急な凹型の曲線になり、工事はいわゆる突貫の状態となるのである。工事を経済的に施工するには、採算速度の範囲で最大限に施工量の増大を図ることが必要である。

(3) 工程図表

工程管理においては工程図表を作成し、実施とその検討のための基準として使用する。工程図表は、全体工程表と部分工程表および細部工程表とに分けられる。

全体工程表は、工事の主要な工程ごとに区分して施工順序を組み合わせ、全体的に工期を満足させるよう作成したものである。部分工程表および細部工程表は、基本工程表にのっとり、各工程をさらに詳細に組み立てたものであり、時間単位も月から日へと細かくなる。

つまり工程表の作成は、経済的工程計画立案の目標の趣旨に沿って、作業可能日数の算定、平均施工速度による1日当たり標準施工量の算定、所要日数の算定、施工順序の決定、最適工期の決定などを行って工程を決定し、施工と管理のために使用するものでる。

工程図表の主な様式については、次のようなものがある。

> ⅰ）横線式工程表（バーチャート、ガントチャート）
> ⅱ）座標式工程表（斜線式工程表）
> ⅲ）ネットワーク式工程表（PERT、CPM）
> ⅳ）出来高工程曲線

(a) 横線式工程表

横線式工程表には、バーチャートとガントチャートがある。バーチャートは工種を縦軸に取り、横軸は工事期間を表示したものである。

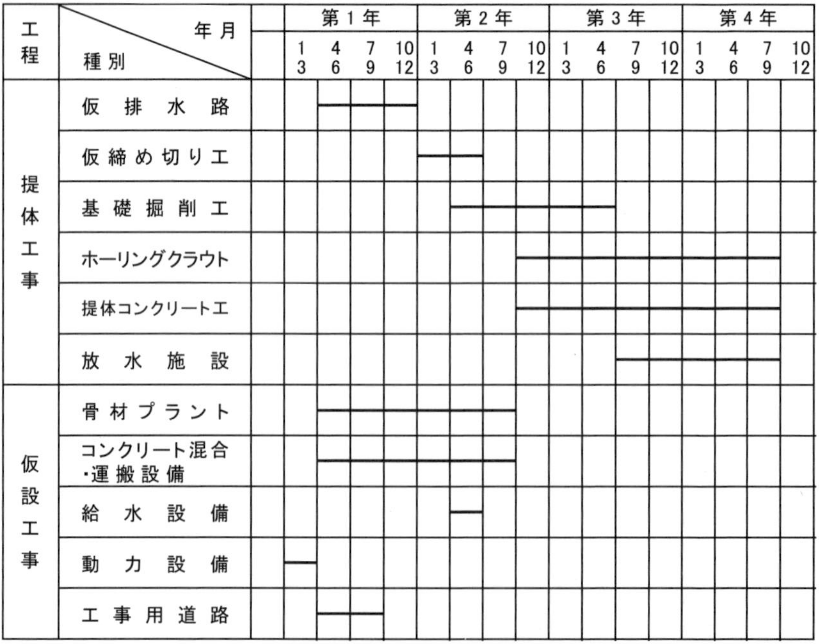

工程	種別	年月	第1年				第2年				第3年				第4年			
			1~3	4~6	7~9	10~12	1~3	4~6	7~9	10~12	1~3	4~6	7~9	10~12	1~3	4~6	7~9	10~12
提体工事	仮排水路																	
	仮締め切り工																	
	基礎掘削工																	
	ホーリングクラウト																	
	提体コンクリート工																	
	放水施設																	
仮設工事	骨材プラント																	
	コンクリート混合・運搬設備																	
	給水設備																	
	動力設備																	
	工事用道路																	

図6.7 横線式工程表（バーチャートの例）

これに対し、ガントチャートは工種を縦軸に取ることは同じであるが、横軸は各工種の達成度を百分率で表示したものである。ガントチャートは各工種の進行度が現時点で何パーセンの達成度であるかはわかるが、各工種の開始日、終了日、所要日数、また、工期に影響を与える工種を明らかにできない。

バーチャートは横軸に時間を取っているので、各工種の開始日、終了日、所要日数を知ることができるとともに、工種が時間経過で表現されているので、ある程度は工種の関連を知ることができる。

しかし、工種間の相互関係やそれが全体工程に及ぼす影響を詳細に知ることができない。そのため、詳細な工程検討や施工速度の追跡などが必要な場合には不便な面があり、この工程表だけで工事を施工することは危険を伴うといえる。

図6.7にバーチャートの一例を示す。

(b) 座標式工程表

座標式工程表はX軸とY軸から成り、一方の軸に工事期間を、他の軸に工事量、工事位置を取り工事の進行を座標によって表現するものである。路線に沿った工事、トンネル工事、単一工種の工事では、作業場所、進行状況、工事期間などの工事内容を示すことができる。

工事進捗の追跡には、工事の進んできた経過を確実に示すとともに、将来の傾向を予測することができなければならないが、この工程表ではその経過をよく説明することができる。

しかし、この工程表は、平面的に広がりのある工事においては、各工種との相互関係を明確にすることができにくい。そのために、横線式工程表やネットワーク工程表などを同時に利用していくことが必要である。

図6.8にシールドトンネル工事の一例を示す。

この図では、横軸にシールドトンネルの距離程を取り、縦軸にタイムスケールを刻んでいる。各工種の作業は1本の斜線で作業期間、着手地点、進行方向、作業速度を示している。

この工程では、発進立坑築造工事の作業は工事着手後2.5カ月から8カ月までの予定で施工され、その後シールド工事に入り、初期掘進を3リング/日で進め、本掘進は月進175リングの速度で掘進する計画が示されている。

実績は実線で示されており、月進150リングから225リングで進んだことがわかる。

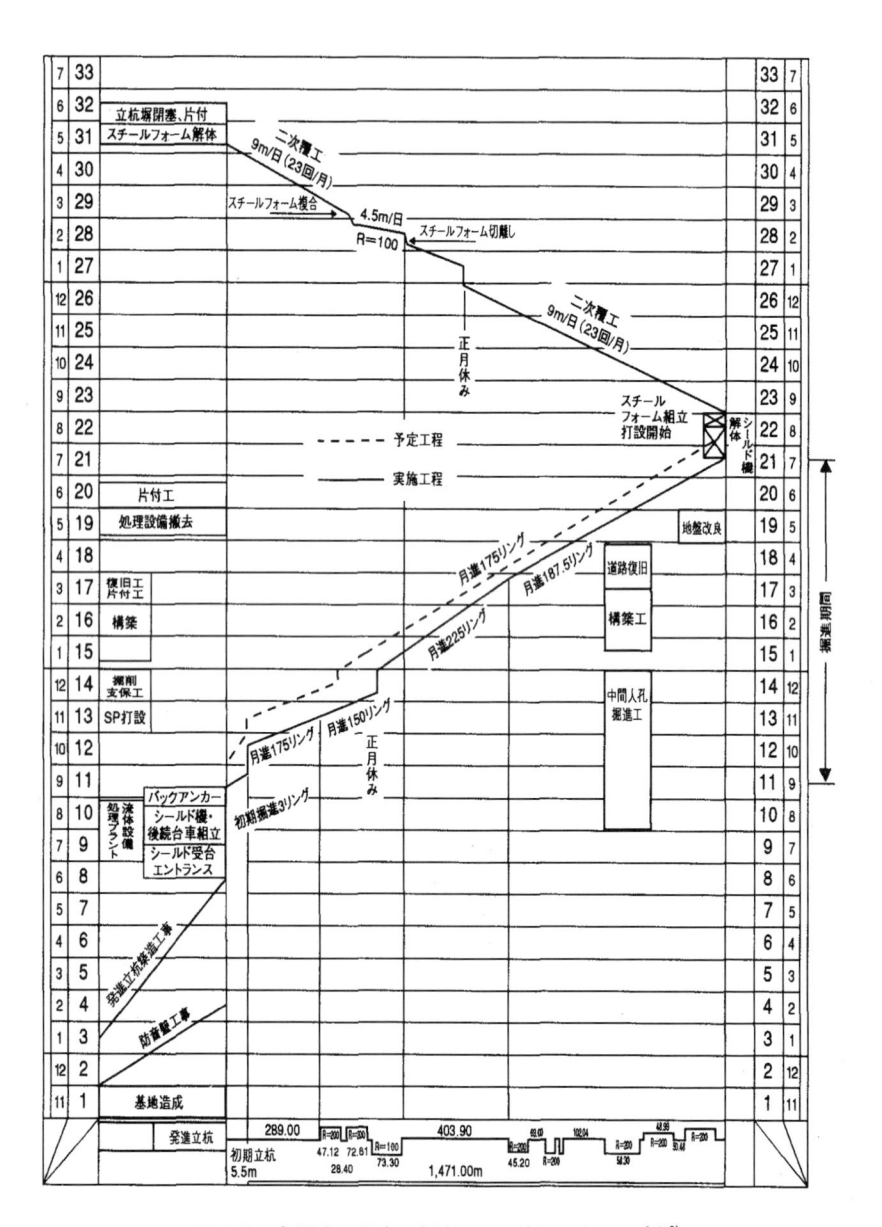

図 6.8 座標式工程表の例（シールドトンネル工事）[9]

このように、時間的経過、すなわち日数・週数・月数の単位を縦軸にとり、出来高の進捗を横軸に取り、グラフ化して示すのが一般的である。

工事や作業の開始に先だって、このような座標式工程表を作り、作業の進み具合に伴いこれに実施出来高線を入れ、両方の出来高線を比較対照して工程を管理するもので、予定の工期に工事に完成させるために必要なことである。

計画工程に沿って作業を進めていけば、機械、人員、資材などの損失を防ぐことになるから、経済的に工事を進めることができる。

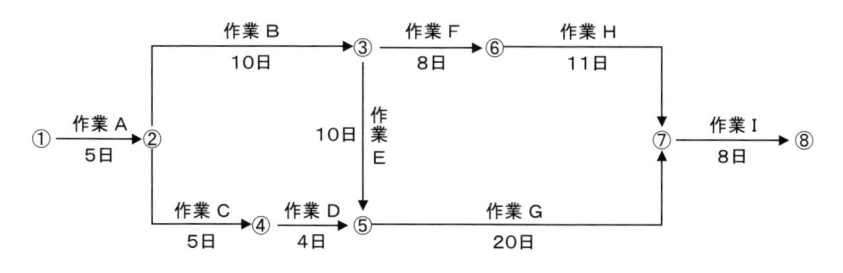

(c) ネットワーク式工程表

ネットワーク式工程表は、作業の相互関係を明確にするため、工事の流れをアローという矢線で表現したもので、PERT (主として時間を対象とした手法) と CPM (時間の他に費用を考慮) の2つの手法がある。

その利用は広く浸透しており、前述の工程表に比べて、計数的に工程の検討を行うことができるという点において格段に優れている。

しかし、この工程表は作業の経路に重点が置かれているため、工程のスピードをみるという工程の追跡・管理面では、座標式工程表とは異なり、過去の実績から直感的に読み取るには少し難がある。

ネットワーク式工程表は総合的には優れた工程表であるが、工事計画・管理に用いる場合は工種によってあまり良い成績を収めない場合もある。つまり、トンネル工事や単一工種が繰り返される場合には不向きであるといえる。

このような場合、トンネル工事などの単一工種については座標式工程表を用い、掘削、巻き立て、裏込め等の1日の施工サイクルや、掘削、コンクリート作業開始までの諸設備の段取り工事にネットワーク工程表を用いる等、それぞれの利点をいかした工程表を利用することが必要である。

図 6.9 にネットワーク式工程表の一例を示す。

図 6.9　ネットワーク式工程表

(d) 出来高工程曲線

出来高工程曲線は、着工直後から毎日の出来高が一定であれば**図6.10(その1)**のように直線で示される。しかし、実際には、このような直線にはならないで、**図6.10(その2)**のようになり、毎日出来高曲線は着工時と完成時に0を示し、最盛期には最大となるのである。

なぜならば、工事の初期には仮設、段取りがあり、また終期には仕上げや跡片付け等のため、工程速度は中期(最盛期)より1日当たりの出来高が低下するのが普通であるからである。

すなわち、毎日出来高は工事の初期から中期に向って増加し、中期から終期に向って減少していくわけで、累計出来高曲線は変曲点を持つS形の曲線となる。この曲線をSカーブと呼んでいる。

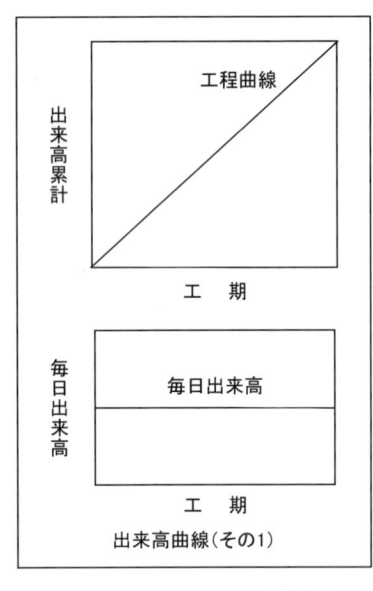

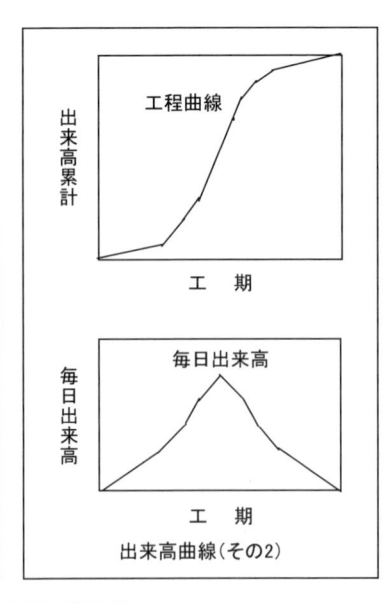

図6.10 出来高工程曲線

6.3.2 品質管理

(1) 品質管理の概要

品質管理とは、買手の要求(規格)に合った品質の製品を経済的に作りだすためのすべての手段の体系をいい、近代的な品質管理は、統計的な手段を採用しているので、特に統計的品質管理(statistical quality control)と呼ぶことがある。

土木工事の場合について品質管理を説明すれば、「品質管理とは、目的とする機能を得るため、設計、仕様の規格を満足する構造物を最も経済的につくるための、工事のすべての段階における管理体系」と表現できる。

　土木工事は、工事を計画する者、設計する者、施工する者がそれぞれ異なる場合が多いので、発注者の意図が明確に受注者に伝わるように種々の計画条件を契約上明示する必要がある。

　請負工事において、工事契約書は発注者・受注者間の法律的な権利義務を明示し、さらに技術的内容は図面、仕様書により示される。

　この場合、図面には工事の目的物の形状および寸法を示し、共通・特記仕様書には使用する材料の形状寸法、品質（場合によっては仮設、機械など施工方法をも含む）と目的物の品質、規格について明示する。

　受注者は、この仕様書に示された品質、規格を十分満足し、かつ経済的に生産するための施工中の管理基準の管理方法を定め、自主的に管理する。

　発注者側は、所定の品質、規格通り施工されているかについて、定められた検査方法で合否判定を行い、合格した場合については受け取り、不合格な場合には、契約の取決めに従い処置が取られる。

　したがって、品質基準と検査方法が明確に定められていることが品質管理の前提で、目的物の機能と工事施工上の諸条件を考慮してこれらの基準や方法を決めなければならない。

(2)　品質管理の要点

　品質管理の第一歩は、構造物に要求されている品質・規格を正しく把握することである。品質は設計図書、特に仕様書に規定されている。設計品質を満たすためには、品質を管理するための指標（圧縮強度等の品質特性）を決める必要がある。

　土木工事では、工事に使用する材料の形状寸法、品質や目的物の品質、規格が仕様書に明示されており、工事施工者は、示された品質、規格を十分満足し、かつ経済的に生産するため自主的に管理を行う必要がある。

　品質管理を行うための必要条件としては、次の2つの条件がそれぞれ独立して、同時に満足していることが必要である。

　　ⅰ）　規格を満足していること。
　　ⅱ）　工程（例えば、原材料、設備、作業方法など、製造過程）が安定していること。

　つまり、たとえ（ⅰ）の規格条件を満足していても工程が不安定であると、施工中構造物が不満足な内容になっているかわからないという不安が残るし、また

(ⅱ)の工程が安定していても規格外れでは満足とはいえない。

(3) 品質管理の方法

　統計学的にみれば、品質にバラツキが生じる原因として、偶然原因と異常原因とがある。偶然原因とは、再発しないように処置を取ることができないもの、あるいは、できても経済的でない原因をいう。

　異常原因は、再発しないように処置することが経済的にできる原因、および見逃せない原因である。偶然原因は作業標準に定める管理をしても生じるものであり、これにより生じるバラツキは一定の分布(正規分布)を示す。

　しかし、異常原因により生じるバラツキは、工程に何らかの異常が生じた場合に発生し異常な分布を示すことが知られている。

　品質管理を十分に行うためには、管理しようとする構造物または製品の品質特性(コンクリートの強度、スランプ、盛土の最大乾燥密度、現場 CBR 値等)について測定を行い、ヒストグラム、工程能力図などによって対象物が許容範囲で、規格を満足しているかどうか調べる。

　次に、工程が安定しているかどうかを管理図によって調べる。これらの規格と工程の2つの条件は、各々独立しており、そのいずれも満足する必要がある。

　品質管理の進め方は、まず、最初のデータによって製品が十分ゆとりをもって規格を満足していることをヒストグラム、工程能力図で確かめた後、そのデータを用いて管理図を描き、最近のデータが安定しているかを確かめる。

　安定していればその工程で管理し、管理限界線外に出るものがあれば工程に異常ありとし、その原因を追及して、再びこのようなことのないよう修正処置し、管理限界線内にあればこの状態を維持することである。

(4) 品質管理の手順

　品質管理は一般に、次の手順で行われる。

　手順-1

　管理しようとする品質特性(管理の対象とする項目)を決める。

　管理対象となる品質特性は、鋼材、コンクリート、土などの素材およびこれを使用して構造物を造る過程において、最終品質に影響を及ぼす因子である。これらのうち、測定しやすく、工程に対し処置が取りやすく、工程の初期に結果の判明するような特性を選ばなければならない。

　手順-2

　特性について品質標準を決める。

　品質標準とは現場施工での品質の目標値(定量化された指標値)であり、品質管

理の基礎であって、規格値を十分満足することと、バラツキの度合いを考慮しても実現可能なものであることの2つが必要条件である。

例えば、コンクリートの施工において、現場で予想される品質のバラツキ（変動係数）に応じて、割増し係数を定め、設計基準強度に乗じて施工での配合強度を定め、これを目標に品質管理を行う。

> ［設計基準強度］$\sigma_{ck} = 210 \mathrm{kgf/cm^2}$　　（割増し係数）$\alpha = 1.1$ とし
> ［配合強度］$\sigma_r = \alpha \times \sigma_{ck} = 220 \mathrm{kgf/cm^2}$

手順-3
品質標準を達成するための作業標準を決め、作業標準を周知徹底させる。作業標準とは、作業条件、作業方法、管理方法、使用材料、使用設備などについて具体的に規定したものである。

手順-4
作業標準に従って作業を実施し、データを取る。

手順-5
作業が計画通り実施されているかどうかチェックする。

各データが十分なゆとりをもって品質標準を満足しているかをヒストグラムで調べた後、このデータで管理図を作り、工程が安定しているかを確かめる。

手順-6
チェックの結果に基づき処置をする。

作業を行っているうちに管理限界を外れた点が出たならば、工程に異常が生じたものとして、その原因を追及して再発防止の処置を取り、限界内に点があるときは、工程に異常がないものとしてその状態を維持する。

(5) 品質管理図

品質管理図には、QC7つ道具（ヒストグラム、管理図、パレート図、特性要因図、散布図、グラフ、チェックシート）といわれる品質管理図や工程能力図、散布図などがある。このうち、土木工事でよく用いられるヒストグラム、工程能力図、パレート図、特性要因図、管理図の概要を述べる。

　(a)　ヒストグラム

品質特性が、設計図書および仕様書に示された規格を満足しているかどうかは、**図**6.11に示すヒストグラムにより調べる。

ヒストグラムは、度数分布表または柱状図ともいい、製品の特性値について、

まとまった多くの測定値（データ）がある場合に、グラフ化すればその分布の状態を全体として視覚により知ることができる。

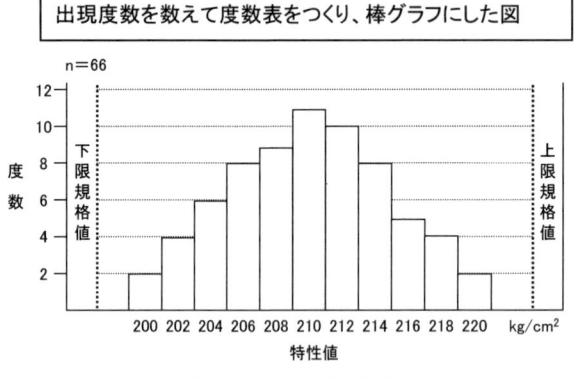

図 6.11 ヒストグラム（例）

(b) 工程能力図

工程能力図は、横軸に時間（月日）または距離（側点）等を取り、縦軸に品質特性値を取って、データを打点し、規格限界線を入れ、グラフ化したものである。その一例を**図 6.12** に示す。

時間的に、また位置的に品質がどのように変動しているか、規格外れのものがどの程度あるか、点の並び方がどうなっているか等から、測定した品質特性値について、与えられた標準値や規格値に対する現状を直ちに把握することができる。

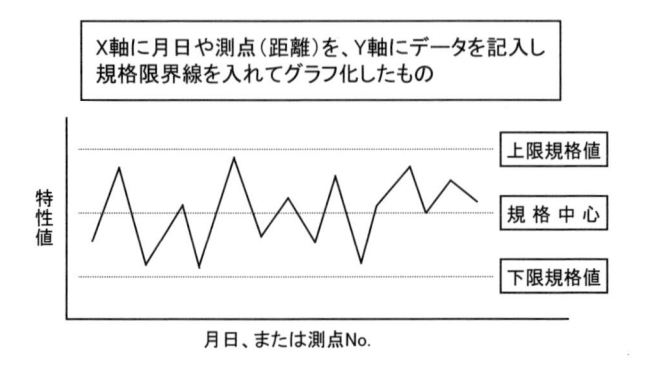

図 6.12 工程能力図（例）

(c) パレート図(累積度数分布図)

縦軸に割合、横軸に項目を取り、数値が大きい順に項目別の棒グラフを作り、累積度数分布図(各要素のパーセンテージを足し合わせた線)を描いたもので、その一例を図6.13に示す。

これにより、どの項目がどの程度、結果に対して影響力を持っているのかが把握でき、重点管理項目を特定することができる。

一般的には累計構成比が80%程度までの項目を重点管理項目とする。

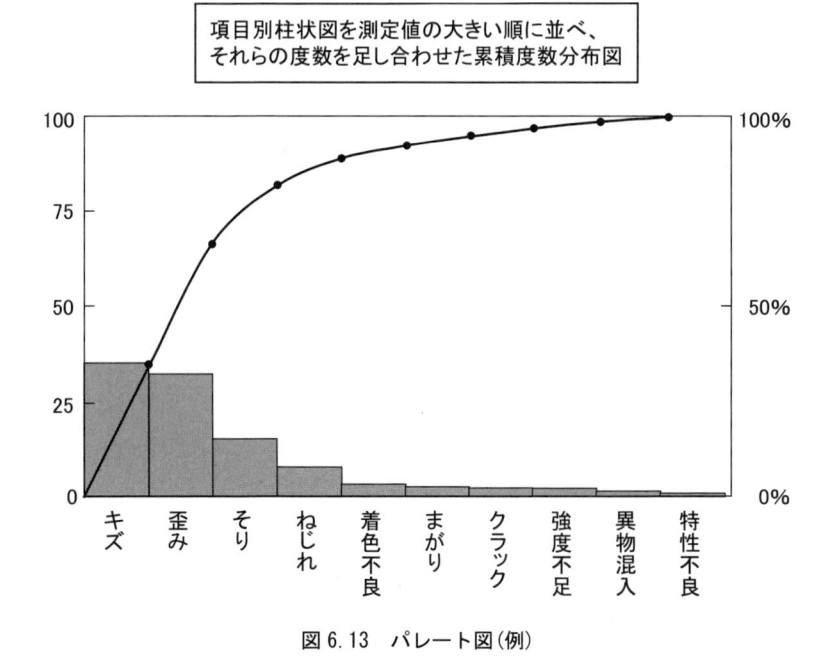

図6.13 パレート図(例)

(d) 特性要因図

特性(現象や結果など原因を探ろうとする対象)と、それに影響を及ぼすと思われる要因(特性に影響を与えるものや原因)との関係を系統的に網羅して、図6.14のように、魚の骨のようにまとめた図をいう。

特性がはっきりと絞り込まれているとき、それを防止するための管理項目を検討したり、発生原因を追究するために使われる。

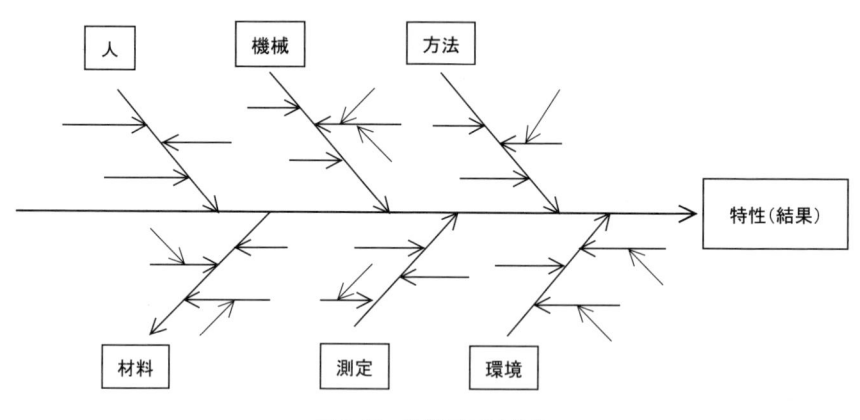

図6.14 特性要因図(例)

(e) 管理図

　管理図は、統計理論の導入によって、データを打点したグラフの中に、管理限界線を挿入したもので、工程の異常を発見し、原因を追及して処置を行い、工程の安定状態を維持するものである。

　管理図の種類は、計量値化(長さ、強度、重量など)、計数値化(不良率、不良側、欠点など)によって取扱いが異なっている。

(ⅰ) 計量値の場合(連続量として測られる品質特性の値)
- $\overline{X}$－R管理図(平均$\overline{X}$と範囲Rを用いる)
- X－Rs－Rm管理図(測定値Xと相隣の測定値の差の絶対値およびm個のデータの範囲Rmを用いる)

(ⅱ) 計数値の場合(個数を数えて得られる品質特性の値)
- P管理図(不良率Pを用いる)＝(不良率管理図)
- Pn管理図(検査個数が一定のとき、不良個数Pnを用いる)＝(不良個数管理図)
- C管理図(欠点数を用いる)＝(単位量の大きさが等しい場合の管理図)
- u管理図(単位当たりの欠点数を用いる)＝(単位大きさ当たりの欠点数による管理図)

建設工事では、計量値の管理図の代表的なものである$\overline{X}-R$ 管理図や$X-Rs-Rm$ 管理図が多く用いられる。

$\overline{X}-R$ 管理図は、品質を長さ、重さ、時間など連続した計量値によって管理する場合に用いられる。$X-Rs-Rm$ 管理図は、$\overline{X}-R$ 管理図を作るまで待てないときや、群分けできない1個ごとのデータに用いられる。

図6.15に、$\overline{X}-R$ 管理図の一例を示す。

[$\overline{X}$ 管理図]
- $\overline{X}$ ：群ごとの平均値　　・$\overline{\overline{X}}$ ：$\overline{X}$ の総平均
- CL ：中心線（＝$\overline{\overline{X}}$）
- UCL：上限管理限界線（＝$\overline{\overline{X}}+A_2\overline{R}$）　・LCL：下限管理限界線（＝$\overline{\overline{X}}-A_2\overline{R}$）
  　　注）A_2 は、群資料の大きさ n によって決まる定数

[R 管理図]
- R ：範囲（群ごとの最大値と最小値の差）　・$\overline{R}$：R の平均
- CL ：中心線（＝$\overline{R}$）
- UCL：上限管理限界線（＝$D_4\overline{R}$）　・LCL：下限管理限界線（＝$D_3\overline{R}$）
  　　注）D_4、D_3 は群資料の大きさによって決まる定数
  　　　　ただし、n≦6 では、D_3 は考えない。

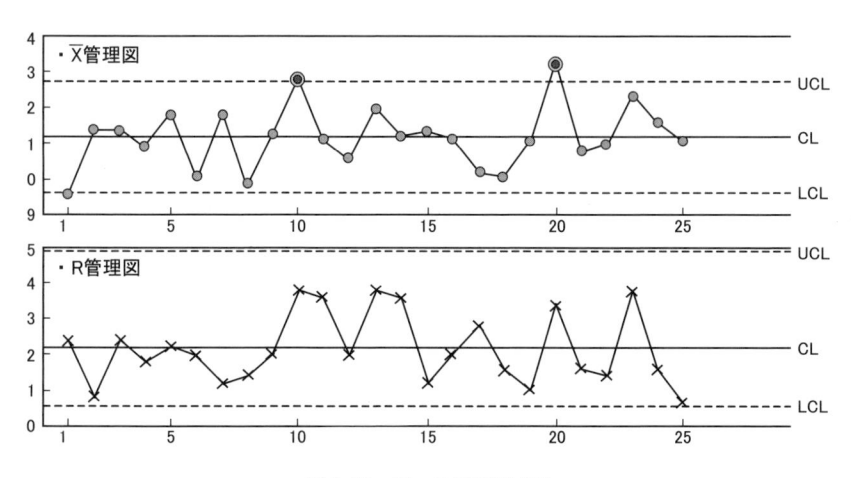

図6.15　$\overline{X}-R$ 管理図（例）

第7章　財務と会計に関するマネジメント

7.1　財務諸表の必要性

7.1.1　建設業の倒産

　建設業は経済環境の変化に対応力が弱く、倒産件数は全産業の 1/3～1/4 を占めている。**図 7.1** に、建設業における負債金額 1,000 万円以上の企業の倒産件数と負債総額の推移を示す。

建設業の倒産件数の推移（負債総額1千万円以上）						
	H4年	H15年	H16年	H17年	H18年	
件　数	3,024	5,113	4,002	3,783	3,855	（件）
負債総額	8,402	15,591	11,037	8,439	7,282	（億円）
全産業に占める倒産件数の割合						
	H4年	H15年	H16年	H17年	H18年	
件　数	21.50%	31.50%	29.30%	29.10%	29.10%	
負債総額	11.10%	13.50%	14.10%	12.60%	13.20%	

（東京商工リサーチ）

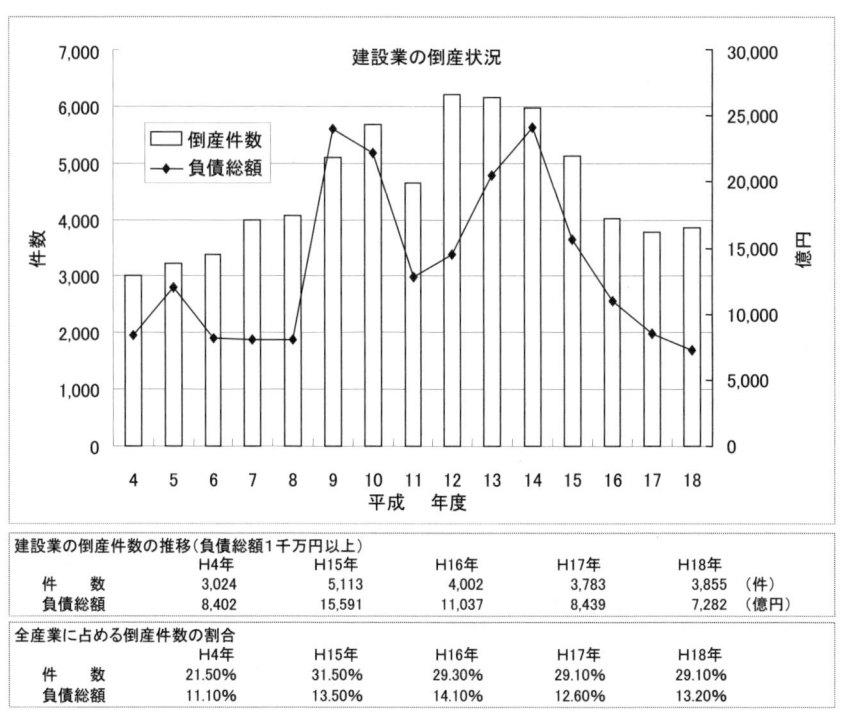

図 7.1　建設業の倒産件数の推移

厳しい経営環境のもとで、倒産が多発しており、特に、平成13年の倒産件数は平成12年に続いて6,000件近い高水準(全業者数の1%)を記録し負債総額は大幅に増加した。倒産企業の大多数は中小企業であるが、平成13年から平成14年にかけては、金融企業の不良債権処理に伴い上場企業の大手業者にも倒産が発生し、統合・合併等、淘汰・再編の動きが本格化した。

それ以降は建設企業の企業努力もあり、倒産件数や負債総額とも減少傾向にあり、平成17年には3,780件台まで減少してきた。しかしながら、平成18年には再び増加傾向に転じており、今後とも公共事量の減少による競争の激化により、予断を許さない状況が続くものと思われる。

企業は、不況になってもすぐに倒産はしない。経営が苦しくなれば、値引き、支払いサイトの延長、資金の借入れ、資産の売却、融通手形の発行と次第に破滅への道を転がり、銀行から見放されて命を断たれるのである。

倒産の直接的原因は、資金不足と資金運用の失敗である。資金の点では、建設業は前渡金・出来高払いというシステムにより、むしろ他の産業よりも恵まれている。

製造業では、受注物件でも、製作するための工場等の設備投資を自前で行うし、消費材などは、市場調査を行い、生産計画を立て、販売経路を作り、売れてはじめて資金ができるのである。

それでは、倒産しないために、資金をどのように運用したらよいのであろうか。もっと一般的に言うと、今の会社の経営状態の良し悪しを判断するための指標のようなものはないのだろうかということになる。

7.1.2 財務書表の必要性

経営状態を測る指標として最も良い資料は、毎年1回会社が公表する決算報告書の中にある財務諸表である。

会社は、1年に1回、簿記によって作成された財務諸表で会社の財政状態や経営状態を公表し、会社を取り巻く利害関係者(株主、債権者、税務署、従業員など)に対して情報提供を行う。会社のこうした外部への報告を決算報告という。

会社の経営状態や財政状態は、決算報告のために作られた財務諸表(決算報告書)で知ることができる。財務諸表の代表的なものが貸借対照表(B/S：Balance sheet)と損益計算書(P/L：Profit and Loss statement)である。また、平成12年3月期からは、連結財務諸表中心の開示制度へ移行するに伴い、連結キャッシュフロー計算書(C/F：Cash flow statement)が基本財務諸表に組み込まれること

になった。

貸借対照表は、ある時点(決算日)にどれだけの財産があるのか(財政状態の明示)を表し、損益計算書は、ある期間の利益や損失がどれだけあったのか(経営成績の明示)を示し、キャッシュフロー計算書は貸借対照表のキャッシュと損益計算書の利益の関係を示すもので、その会計期間中の投下資本に対するキャッシュ回収情報を示すものである。

これらの書類を作成するにあたっては「企業会計原則」「商法」「証券取引法」等によって一定のルールが義務づけられている。建設会社の場合、さらに「建設業法施行規則」に従わなければならない。

7.1.3 建設業の財務内容の特徴

建設業の財務内容については、中小企業が多いことから貧弱な点が特徴である。その構造的特徴は、次のように要約できる。
① 固定資産の構成比が相対的に低い。
② 未成工事支出金の額が大きいため、流動資産の構成比が高い。
③ 未成工事受入金に起因して流動負債の構成比が高い。
④ 固定負債の構成比が相対的に低い。
⑤ 資本の構成比、特に資本金の構成比が低い。

7.1.4 貸借対照表

貸借対照表は、決算日という時点に、資産(財産)がどれだけあるか、また、その資産を得るためにお金をどのくらい借りて(負債)、元手(資本)をいくら出したのかを示すものである。この貸借対照表は会社の健康診断表ともいわれるもので、分析しやすいように、資産の部、負債の部、資本の部の3項目に分けて記載されており、これにより会社の経営状況が判断できる。

資産の部は、企業が集めた資金をどのように使ったかという使い道を示し、負債の部は、資金を企業がどこからどのようにして集めたかを示している。資本の部は、株主から払い込まれた資本金や企業が経営活動によって得た利益の蓄えを表す。

貸借対照表は、これらのお金の流れを左(使い道:資産)と右(出所:負債+資本)に分けて示しており、左(資産)と右(負債+資本)の合計は必ず一致する。このように左右のバランスが取れていることから、貸借対照表をバランスシートともいう。

記載については、資産の部は現金および現金化の早い順に、負債の部は返済期限の短いものの順に配列されている。

貸借対照表の記載方式(構造区分)と記載例を**表7.1**、**表7.2**に、**表7.3**には貸借対照表に記載される勘定科目を説明している。

また、**図7.2**には、貸借対照表の内容から、企業が健康な状態にあるか、肥満体か、危機的状態かを判断する知識を解説している。

表7.1 貸借対照表の構造区分

運転資本	流動資産	現金・預金 受取手形 完成工事未収入金 有価証券 未成工事支出金 棚卸資産 短期貸付金 その他		他人資本	流動負債	支払手形 未払金 短期借入金 未成工事受入金 完成工事補償引当金 その他	
					固定負債	社債 長期借入金 退職給付引当金 その他	
設備資本	固定資産	有形固定資産	建物・土地 機械・器具 車両 その他	自己資本	資本金		
					資本余剰金	資本準備金 自己株式処分差益	
		無形固定資産	営業権 特許権 商標 その他		利益剰余金	利益準備金 任意積立金 当期未処分利益	
		投資など	投資有価証券 長期貸付金 その他		有価証券評価差益 その他		
投資資本	繰延資産						

表 7.2 貸借対照表の例

(単位:百万円)

資 産 の 部		負債・資本の部	
流動資産		流動負債	
現金預金	80,700	支払手形	73,057
受取手形	43,935	工事未払金	36,981
完成工事未収入金	52,645	短期借入金	50,253
有価証券	15,289	未払金	1,686
末成工事支出金	98,361	未払法人税	3,866
材料貯蔵品	658	末成工事受入金	85,692
販売用資産	8,697	預り金	5,059
短期貸付金	6,596	前受収益	68
前払費用	860	完成工事補償引当金	500
貸倒引当金	△856	その他流動負債	7,654
その他流動資産	5,718		
流動資産　合計	312,603	流動負債　合計	264,816
固定資産		固定負債	
有形固定資産	41,388	長期借入金	34,522
無形固定資産	2,048	退職給付引当金	6,694
投資等	12,544		
固定資産　合計	55,980	固定負債　合計	41,216
繰延資産		資本	
試験研究費	330	資本金	10,000
		法定準備金	1,532
		剰余金	51,349
		(内当期利益)	(11,980)
繰延資産　合計	330	資本　合計	62,881
資　産　合計	368,913	負債・資本　合計	368,913

表7.3 貸借対照表に記載される主要勘定と勘定項目

	勘定科目	内容
資産	現金預金	手元にある現金および預金した金銭
	受取手形	工事代金等として得意先から受け取った手形債権
	完成工事未収入金	完成工事高に計上した工事請負金の未収額
	完成工事保証引当金	完成工事に対する工事保証引当
	有価証券	1年以内に処分する目的で保有する株式、社債等
	未成工事支出金	発生した工事原価(材料費・労務費・外注費・経費)
	材料貯蔵品	手持ちの工事用原材料、仮設材料、事務用消耗品
	販売用資産	販売の目的を持って所有する土地、建物等
	短期貸付金	返済期日が1年以内の貸付金
	前払費用	いまだ提供されていない役務に対して支払われた対価
	有形固定資産	形がある固定資産で建物、機械、車両、土地等
	無形固定資産	形がない経済的財産や法律的権利で特許権、営業権等
	投資等	1年を超え長期的に運用・投資する資産
	繰延資産	支払完了後も効果が数期間に及ぶ資産で試験研究費等
	貸倒引当金	売上債権の回収不能見込額(資産から控除する形で表示)
負債	支払手形	営業取引で発生した債務を手形で支払った勘定
	工事未払金	工事費用の未払額
	短期借入金	返済期日が1年以内にくる借入金
	未成工事受入金	未完成工事についての請負代金の受入高
	長期借入金	返済期日が決算期後1年を超えて到来する借入金
	前受収益	未提供な役務に対して支払いを受けた対価
	退職給付引当金	従業員に対する退職給付引当
資本	資本金	発行済み株式のうち資本金に組み入れた額
	法定準備金	商法によって積み立てが強制されている準備金
	剰余金	資本のうち資本金と法定準備金以外のもので任意積立金と当期未処分利益から成る

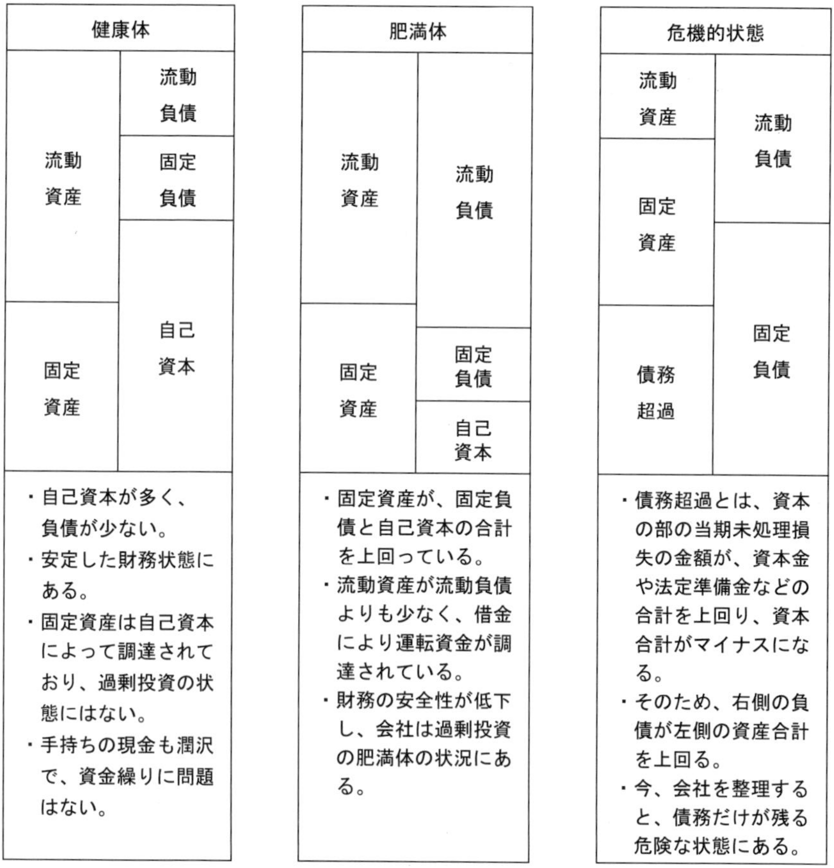

健康体	肥満体	危機的状態
流動資産 / 流動負債・固定負債 / 固定資産・自己資本	流動資産 / 流動負債 / 固定資産・固定負債・自己資本	流動資産・固定資産 / 流動負債・固定負債 / 債務超過
・自己資本が多く、負債が少ない。 ・安定した財務状態にある。 ・固定資産は自己資本によって調達されており、過剰投資の状態にはない。 ・手持ちの現金も潤沢で、資金繰りに問題はない。	・固定資産が、固定負債と自己資本の合計を上回っている。 ・流動資産が流動負債よりも少なく、借金により運転資金が調達されている。 ・財務の安全性が低下し、会社は過剰投資の肥満体の状況にある。	・債務超過とは、資本の部の当期未処理損失の金額が、資本金や法定準備金などの合計を上回り、資本合計がマイナスになる。 ・そのため、右側の負債が左側の資産合計を上回る。 ・今、会社を整理すると、債務だけが残る危険な状態にある。

図7.2　貸借対照表からみる財政状態の健康度

7.1.5　損益計算書

　損益計算書は、貸借対照表の当期利益を説明するもので、1年間の売上、費用、利益を示している。
　この中で特に注目すべき項目は、営業利益と経常利益、当期利益である。営業利益は会社の本業による利益であり、完成工事総利益（粗利益）から、販売費と一般管理費を引いたものである。
　経常利益は、営業利益から営業外損益（営業取引以外の損益で、主として、金利等をいう）を引いたもので、経常的な企業の営業活動から生み出され収益を表

すものである。この経常利益は、会社の実力を示すものである。

　特別損益とは、臨時的な活動から発生した利益と損失を表す。特別利益は、不動産や有価証券の売買などにより生じた利益などをいい、特別損失は、取引先の倒産などによって生じた損失分をいう。

　これらを合計したものが、税引前利益である。当期利益は、これから税金を支払った最終利益をいう。

　損益計算書の構造区分を**表 7.4** と**図 7.3** に示す。損益計算書の付表として作成される完成工事報告書の内容を**図 7.4** に示す。**表 7.5** には損益計算書に記載される内容の解説を示し、**表 7.6** に損益計算書の記載例を示した。

表 7.4　損益計算書の構造区分

経常損益	営業損益	完成工事高
		完成工事原価
		完成工事総利益
		販売費・一般管理費
		営業利益
	営業外損益	営業外収益
		営業外費用
	経常利益	
特別損益	特別利益	
	特別損失	
税引前当期利益		
法人税、事業税および住民税		
当期利益		

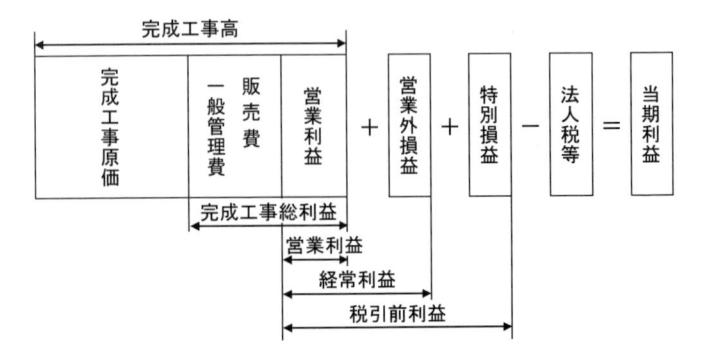

図 7.3　損益計算書の構成

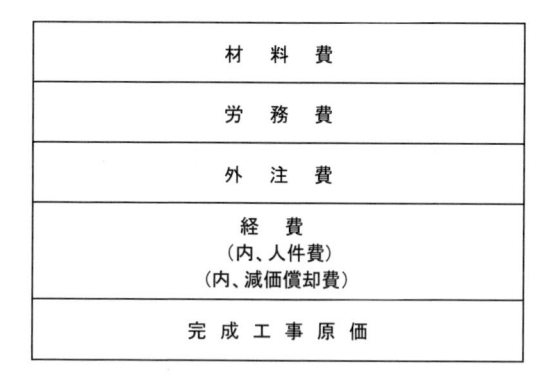

```
┌─────────────────────┐
│      材 料 費        │
├─────────────────────┤
│      労 務 費        │
├─────────────────────┤
│      外 注 費        │
├─────────────────────┤
│      経 費           │
│   （内、人件費）      │
│   （内、減価償却費）  │
├─────────────────────┤
│    完 成 工 事 原 価  │
└─────────────────────┘
```

図 7.4　完成工事原価報告書

表 7.5　損益計算書に記載される内容

損　益	内　　容
経常損益	企業の一定期間における経常的に発生する損益で、営業損益と営業外損益に区分される。
営業損益	企業の一定期間における営業利益を表示するもので、完成工事高、完成工事原価、販売費、一般管理費などを記載する。
営業外損益	営業活動以外の要因から発生する利益を表示するもので、受取利息、支払利息、有価証券売却損益などを記載する。
特別損益	前期の損益の修正や固定資産の売却損益、災害などの異常な損失を記載する。

表 7.6 損益計算書の例

(単位：百万円)

経常損益	営業損益	売上高	
		完成工事高	481,894
		兼業事業売上高	3,451
		売上高　計	485,345
		売上原価	
		完成工事原価	435,718
		兼業事業売上原価	3,008
		売上原価　計	438,726
		売上総利益	
		完成工事総利益	46,176
		兼業事業総利益	443
		売上総利益計	46,619
		販売費および一般管理費	30,506
		営業利益	16,113
	営業外損益	営業外収益	8,692
		（内受取利息配当金）	(4,567)
		営業外費用	6,059
		（内支払利息）	(4,376)
	経常利益		18,746
特別損益	特別利益		6,825
	特別損失		5,267
税引前当期利益			20,304
法人税、事業税および住民税			8,324
当　期　利　益			11,980

7.1.6 キャッシュフロー計算書

キャッシュフロー計算書は、営業活動によるキャッシュフロー、投資活動によるキャッシュフローおよび財務活動によるキャッシュフローから構成されている。

その目的は、貸借対照表や損益計算書に不足している資金情報を補完し、企業の資金獲得能力を評価したり、企業の支払能力や流動性の情報を提供するものである。

完工高が増えても資金の回収がなければ企業の存続に影響を与える。また、貸借対照表の流動資産が流動負債よりも大きいからといって、流動比率が高いと簡単には判断はできないのである。なぜならば、経営管理のためには、企業の資金獲得能力を判断することが重要となる。

例えば、工事代金の貸倒れ損失や棚卸資産に販売用不動産とかリゾートマンション等の不良資産が存在すると、資金の回収ができなくなる恐れが高いことになる。その目的に必要な情報は営業キャッシュフローに示される。

資金獲得能力の次に、資金を設備資金や子会社投資などにいくら使用するかという投資情報が必要で、これは投資活動キャッシュフローで示される。

不足する資金を借入金や増資などで、いくら調達する必要があるかという財務投資活動情報を示すものが財務活動キャッシュフローである。

7.1.7 決算書

商法では、最低毎年1回決算を行うよう規定している。決算日は会社が自由に決められるが、会計期間は1年を超えることはできない。

決算日の翌日から3カ月以内に株主総会を開催し、決算書の承認を得たら、事業年度の決算手続きがすべて修了したことになる。

決算書は、事業年度の期間における経営成績および決算期末現在の財政状態を表している。その内容は、**表7.7**に示すように、貸借対照表、損益計算書、キャッシュフロー計算書、営業報告書、決算処分(案)、細書等から構成される。**表7.8**に決算書の活用状況を示す。また、**表7.9**に3月期決算の場合の決算スケジュールの一例を示す。

表 7.7　決算書の内容

必要書類	内　　容
貸借対照表	会社がどのように資金を集め（負債・資本の部）、集めた資金をどのように使ったか（資産の部）、その内容を表す。会社の支払能力、投下資本に対する利益率、資金繰りの状況がわかる。
損益計算書	会社が事業年度の期間にどれだけの経営成績を上げたか、その過程の収益・費用の内容がどうであったかがわかる。
キャッシュフロー計算書	貸借対照表のキャッシュと損益計算の利益の関係を示すもので、利益が多くてもキャッシュ不足が生じているかどうかがわかる。営業キャッシュフロー、投資キャッシュフロー、債務キャッシュフローがある。
営業報告書	事業年度における営業活動の状況、過去3年間以上の営業成績および財産の状況の推移、主要な事業内容、主要な営業所および株式の状況が記載されている。
決算処分（案）	その事業年度の利益を含む当期末処分利益について株主への配当額、役員賞与額、内部保留額を表す。会社の株主に対する姿勢がわかる。 ＊株主総会で決定するため（案）としている。
付属明細書	各諸表の内訳明細を記載している。株主は会社に要請をしてみることができる。

表 7.8　決算書の活用状況

会社内部	経営の成果を把握し、経営・管理資料として業績向上に役立てる。
債権者	信用を供与する立場から支払能力や安全性の分析を必要とする。
投資家	資金提供する見地から収益性や安全性の分析を必要とする。
国土交通省	指名業者決定の格付基準（経営審査）のため経営規模状況（収益性、流動性、生産性、健全性）についての財務分析を実施する。
行政官庁経済団体	それぞれの見地から財務分析を実施する。

表7.9 決算スケジュール(例)

期　日	スケジュール(例)	
3月31日	決算日	
4月30日	決算処理 会計監査人、監査役に決算書・付属明細書を提出	決算書類作成 付属明細書作成
5月31日	会計監査人から監査報告書を受領 監査役から監査報告書を受領 取締役会の承認	有価証券報告書作成
6月30日	株主総会召集通知発送 決算書類監査報告書 定時株主総会開催 決算公告	有価証券報告書財務省提出

7.2　財務分析

7.2.1　収益性分析

　財務分析の検討は、その目的から収益性、流動性、生産性に関するものに大別される。この中で最も重要なのが収益性の分析である。

　「工事量が伸びて目標利益を確保できたから、利益率が低くてもまあ大丈夫だろう」。このような話をよく聞くが、これは経営上大きな間違いである。工事量が増加するに伴い、利益率も高くならなければ企業の真の成長はありえないのである。

　利益率については総資本経常利益率が重要で、式(7.1)、式(7.2)により、会社の規模に照らして妥当な利益額かどうかを判断する必要がある。

$$総資本経常利益率(\%) = \frac{経常利益}{総資本} \times 100 \quad (7.1)$$

$$= \frac{経常利益}{売上高} \times \frac{売上高}{総資本} \times 100$$

$$= 売上高経常利益率(\%) \times 総資本回転率(回)$$

$$総資本回転率(回) = \frac{売上高}{総資本} \quad (7.2)$$

ところで、企業が工事量を増加させるためには、総資本の増加が求められる。企業が末永く発展していくためには、工事量と総資本の均衡ある拡大が必要である。

これを、売上高の増加率と総資本の増加率との関係でみると、企業の成長性については、次の3タイプに分けることができる。

---

① 均 衡 成 長：売上高の増加率＝総資本の増加率→良
　　　　　　　　企業基盤が確立され、環境変化に即応、好況不況にかかわらず高収益を上げ資本の充実を図るタイプ
② 不均衡成長：売上高の増加率＜総資本の増加率→不良
　　　　　　　　高度成長の好調に酔い、過大な開発投資、設備投資を行い、急激に経営の拡大を図ったために借入金が増え財務体質を弱めたタイプ
③ 最 高 成 長：売上高の増加率＞総資本の増加率→最良

さて、利益率の関係についていえば、総資本経常利益率は式(7.1)から求められることより、総資本経常利益率を高めるためには、売上高に対する経常利益だけでなく、式(7.2)に示す総資本回転率を高めることが有効である。

総資本回転率は、投下総資本の何倍にあたる売上高を上げたかを示し、総資本の利用効率を評価するもので、総資本の増加を抑え、売上げを高めることが、経営効率を高めることにつながるのである。

図7.5はこの関連性を示しており、総資本回転率が高ければ、売上高経常利益率が低くても高い総資本経常利益率を上げることができる。

例えば、総資本回転率が「年2回」回転すれば、売上高経常利益率が10％でも「年1回」の回転で総資本経常利益率20％の場合と同じ効果を上げることになるのである。

スーパーマーケットなどは、薄利多売の世界でしのぎを削っていることから、資産をできるだけ少なくし効率の良い経営をしていく必要があり、総資本回転率は2.0回に近いといわれている。

しかし、建設業は完成して販売するまで長期間必要なことから、販売業と異なり概ね1.0前後である。したがって、その分だけ粗利益を高く維持する必要がある。

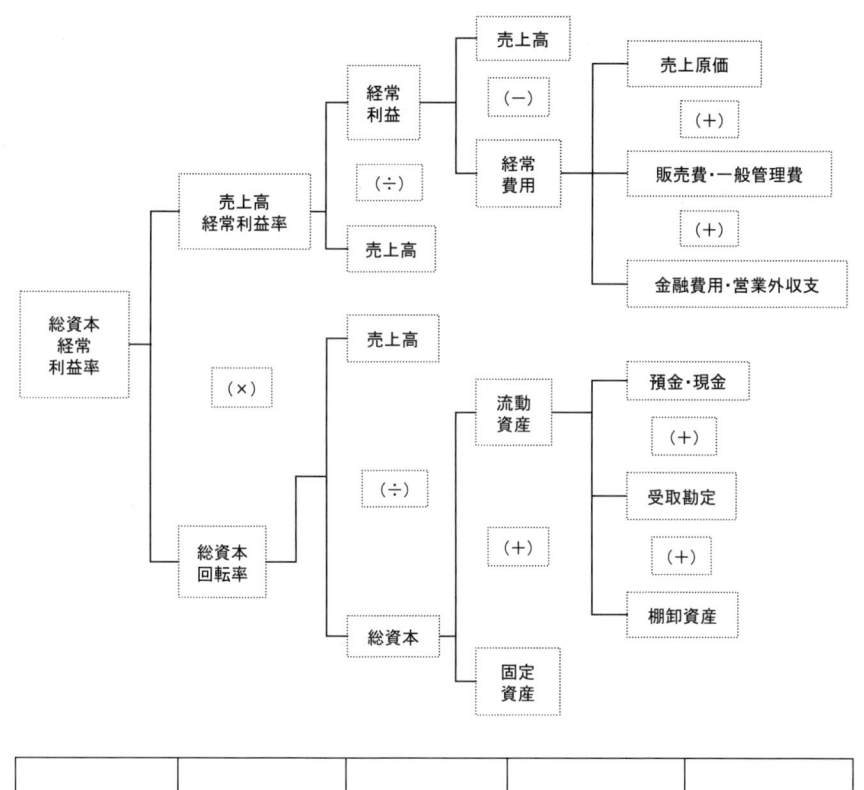

第7章　財務と会計に関するマネジメント　175

```
                                              ┌─ 売上高
                              ┌─ 経常 ──┤  (−)
                              │   利益   │          ┌─ 売上原価
                              │          └─ 経常 ──┤  (+)
              ┌─ 売上高       │             費用    ├─ 販売費・一般管理費
              │   経常利益率 ─┤ (÷)                 │  (+)
              │               └─ 売上高             └─ 金融費用・営業外収支
  総資本 ─────┤
  経常利益率   │ (×)
              │                                    ┌─ 預金・現金
              │               ┌─ 売上高            │  (+)
              │               │              ┌─ 流動資産 ──┼─ 受取勘定
              └─ 総資本 ──────┤ (÷)          │              │  (+)
                  回転率      │              │              └─ 棚卸資産
                              └─ 総資本 ─────┤
                                             └─ 固定資産
```

・利益を上げるには	・経常利益率を高める。 ・総資本回転率を高める。	・総資本の伸び率より売上高の伸び率を高くする。	・売上高を伸ばす。 ・経常費用を下げる。 ・流動資産の滞留を防ぎ運用率を高める。 ・設備投資過大に注意する。	・売上原価低減を図る。 ・販売費・一般管理費を圧縮する。 ・借金を減らす。 ・不良債権の発生を防止する。 ・棚卸資産の回転を高める。

図 7.5　利益率の関連性

7.2.2 流動性分析

流動性分析は、企業の財務的安定性の評価を目的としている。

建設業の流動性分析で使用される指標は、流動比率、当座比率、運転資本保有月数、固定比率、固定長期適合比率、自己資本比率、固定負債比率等がある。

(1) 流動比率

流動比率は流動性分析で最も基本的な指標であり、1年以内に返済しなければならない負債に対し流動資産がどれだけあるかをみるもので、この比率が低いと支払能力が乏しいことを示す。

流動比率は 150%以上にあることが望ましく、100%以下だと支払能力が苦しいといえる。

検討事項としては、次の3項目が重要である。

① 流動負債が多過ぎないか。
② 流動資産が少な過ぎないか。
③ 固定資産が多過ぎないか。

$$流動比率(\%) = \frac{(流動資産 - 未成工事支出金)}{(流動負債 - 未成工事受入金)} \times 100 \qquad (7.3)$$

(2) 当座比率

当座比率は、流動比率の判定を補足する比率である。流動資産は、現金や現金化の速度の速い資産である当座資産と、換金するまでに時間を要する棚卸資産等の資産に分けられる。

流動比率の質的な吟味を行うため、換金性について不確実性のある棚卸資産を除外して、当面の支払能力(現金預金、受取手形、完成工事未収入金、売掛金、有価証券)を示したのが当座比率である。

当座比率が100%以上であれば安全である。検討事項としては、次の2項目である。

① 流動負債が多過ぎないか。
② 当座資産が少な過ぎないか。

$$当座比率(\%) = \frac{当座資産}{(流動負債 - 未成工事受入金)} \times 100 \qquad (7.4)$$

(3) 運転資本

運転資本は、流動資産と流動負債の差額である。つまり期末における正味の運転資金が完成工事高(月商)の何カ月分あるかを表すもので、これが多いほど資金的に余裕のあることを示す。

$$運転資本保有月数(月数) = \frac{(流動資産 - 流動負債)}{(完成工事高 \div 12)} \qquad (7.5)$$

(4) 固定比率

固定比率は、固定資産を自己資本でどの程度賄っているかを判定するものである。会社は企業間競争に勝つために、設備投資をし、新技術、新製品の開発を行わなければならない。このための資金が、自己資本でどの程度賄われているのかどうかを示すものである。

この比率が100％以下の場合が良好である。100％以下であれば、自己資本の一部が流動資産に投下され、運転資本として使われることを意味している。これに対し100％以上であれば、固定資産は自己資本のみでなく借入金によって賄われており、流動資産はすべて負債に依存していることを意味している。これを超えると、運転資金の不足傾向を招く恐れが高くなる。

検討事項としては、次の2項目が重要である。
① 固定資産が多過ぎないか。
② 自己資本が少な過ぎないか。

$$固定比率(\%) = \frac{固定資産}{自己資本} \times 100 \qquad (7.6)$$

(5) 自己資本比率

自己資本比率は、総資本中に占める自己資本の割合を示し、自己資本と他人資本の均衡関係が明らかになる。この比率は高ければ高いほどよい。

自己資本比率で使用する総資本には未成工事受入金が含まれる。未成工事受入金は、次期に繰り越された工事の前渡金や取下金の合計をいい、工事の進捗率や受注状況によって大きく変動するため、建設業の場合、同じ経営状態であっても決算時期によって自己資本比率が変わってしまうことがある。

検討事項としては、次の2点が重要である。

① 総資本が多過ぎないか、
② 自己資本が少な過ぎないか、

$$自己資本比率(\%) = \frac{自己資本}{総資本} \times 100 \tag{7.7}$$

(6) 固定負債比率

他人資本に対する自己資本の割合を示すのが負債比率である。負債比率は、通常100%以下であることが望ましい。この負債比率のうち、固定負債のみを自己資本に関わらせたものが固定負債比率である。固定負債比率は、長期的な面からの支払能力と財務の安定性を判定する。

$$固定負債比率(\%) = \frac{固定負債}{自己資本} \times 100 \tag{7.8}$$

7.2.3 生産性分析

生産性は、生産のために投入した資源(人・物・金)がどの程度の成果を上げたか、つまり投入した資源が生み出す成果の大きさで表される。投入した資源は、人員や時間で成果の大きさは生産量で表される。

生産性分析は1人当たりの稼ぎ高を基本にし、使用する指標には、「労働生産性」「従業員1人当たり完成工事高」「従業員1人当たり総資本」が用いられる。

(1) 労働生産性

労働生産性は従業員1人当たりの付加価値を示し、企業における労働力の利用効率を示す。

$$労働生産性(円) = \frac{付加価値}{従業員数} \tag{7.9}$$

$$\begin{aligned} 付加価値 &= 完成工事高 - (材料費 + 労務費 + 外注費) \\ &= 完成工事高 - 外部購入価値 \end{aligned} \tag{7.10}$$

(2) 従業員1人当たり完成工事高

従業員1人当たり完成工事高は、従業員1人当たりの仕事量を示す。

$$\text{従業員1人当たり完成工事高(円)} = \frac{\text{完成工事高}}{\text{従業員数}} \qquad (7.11)$$

(3) 従業員1人当たり総資本

従業員1人当たり総資本は、資本と労働量(従業員数)の組合せについての良否を判定するものである。

$$\text{従業員1人当たり総資本(円)} = \frac{\text{総資本}}{\text{従業員数}} \qquad (7.12)$$

(4) 付加価値

付加価値は、企業が新たに創造した価値のことである。例えば、工事に必要となった費用が80で完成工事高が100とすると、差額20は企業が創り出した新しい価値となる。

この関係を図7.6に示しており、付加価値は売上高から外部購入価値を引いた残りの部分をいう。これは式(7.10)で示されている。

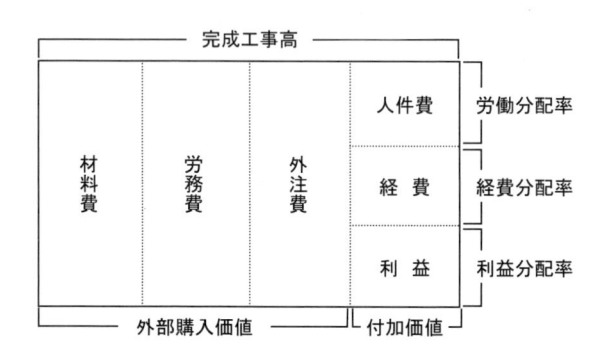

図7.6 完成工事高および付加価値と労働分配率の関係

言い換えれば、付加価値とは会社の稼ぎであり、この中から、人件費や必要経費と利益に分配される。「給料は、稼ぎによって決まる」のはこのためで、給料が少ないと嘆くことは、自分達の稼ぎの低さを白状していることになる。

(5) 労働分配率

労働分配率は付加価値に占める人件費の割合をいう。労働分配率が非常に高くなると、利益に回す部分がなくなるため、事業が成り立たなくなることから、その業種は縮小し、従業員は他業種へ移らざるをえなくなる。

その結果、好況業種には労働力が流入し、産業全体の労働分配率は平均化することになる。労働分配率は、全体的には一定値を示すといわれている。

$$労働分配率(\%) = \frac{総人件費}{付加価値} \times 100 \tag{7.13}$$

表7.10に高収益企業と低収益企業の付加価値率と労働分配率を示す。

この例では、人件費率が同一の場合でも、高収益企業においては社員1人当たりの付加価値は低収益企業の1.2倍以上で、付加価値率24.5%、労働分配率36.4%であることを示している。

一方、低収益企業では付加価値率19.5%、労働分配率45.6%であり、付加価値に占める労働分配率は高収益企業よりも高くなる。

ところで、労働分配率が40%ということは、人件費の2.5倍が付加価値だということである。30%であれば人件費の3.3倍が付加価値である。これが給料の3倍は稼げという意味である。800万円の年収が欲しければ労働分配率40%として、2,000万円の付加価値を稼ぎ出さなければならない。

表7.10 高収益企業と低収益企業の付加価値率・労働分配率の例 [11]

	高収益企業	低収益企業	備考
完工高	100%	100%	
付加価値率	24.5%	19.5%	完工高に対する付加価値の割合
労働分配率	36.4%	45.6%	付加価値に対する人件費の割合
人件費率	8.9%	8.9%	完工高に対する人件費の割合

7.3 例　題（財務分析）

　建設会社の2期間の貸借対照表と損益計算書を示している。これより、解答欄に示す各比率を求めよ。この結果より総合評価表を作成し、収益性、流動性および生産性について300字程度で所見を述べよ。

貸　借　対　照　表						（単位：百万円）	
資産の部	1　期	2　期	負債・資本の部		1　期	2　期
流動資産			流動負債			
現金預金	80,700	90,632	支払手形		73,057	86,669
受取手形	43,935	89,951	工事未払金		36,981	52,798
完成工事未収入金	52,645	98,653	短期借入金		50,253	141,086
有価証券	15,289	19,638	未払金		1,686	1,965
未成工事支出金	98,361	101,543	未払法人税		3,866	4,960
材料貯蔵品	658	5,146	未成工事受入金		85,692	86,421
販売用資産	8,697	37,961	預り金		5,059	1,259
短期貸付金	6,596	8,836	前受収益		68	21
前払費用	860	2,659	完成工事補償引当金		500	483
貸倒引当金	△856	△826	その他流動負債		7,654	8,957
その他流動資産	5,718	7,760				
流動資産　　合計	312,603	461,953	流動負債　　合計		264,816	384,619
固定資産			固定負債			
有形固定資産	41,388	35,836	長期借入金		34,522	62,789
投資等	2,048	3,839	退職給付引当金		6,694	5,246
無形固定資産	12,544	11,532				
固定資産　　合計	55,980	51,207	固定負債　　合計		41,216	68,035
繰延資産			資　本			
試験研究費	330	658	資本金		10,000	10,000
			法定準備金		1,532	1,651
			剰余金		51,349	49,513
			（内当期利益）		(11,980)	(10,540)
繰延資産　　合計	330	658	資　本　　合計		62,881	61,164
資　産　　合計	368,913	513,818	負債・資本　合計		368,913	513,818

		損 益 計 算 書		(単位：百万円)
			1 期	2 期
経常損益	営業損益	(売上高)		
		完成工事高	481,894	576,629
		兼業事業売上高	3,451	26,962
		売上高計	485,345	603,591
		(売上原価)		
		完成工事原価	435,718	532,628
		兼業事業売上原価	3,008	21,827
		売上原価計	438,726	554,455
		(売上総利益)		
		完成工事総利益	46,176	44,001
		兼業事業総利益	443	5,135
		売上総利益計	46,619	49,136
		販売費および一般管理費	30,506	31,347
		営業利益	16,113	17,789
	営業外損益	営業外収益	8,692	12,886
		(内受取利息配当金)	(4,567)	(7,992)
		営業外費用	6,059	13,553
		(内支払利息)	(4,376)	(10,662)
		経常利益	18,746	17,122
特別損益		特別利益	6,825	3,152
		特別損失	5,267	2,396
	税引前当期利益		20,304	17,878
	法人税、事業税および住民税		8,324	7,338
	当期利益		11,980	10,540

完成工事原価報告書

(単位:百万円)

	1 期	2 期
材 料 費	56,956	69,238
労 務 費	30,814	32,839
外 注 費	314,085	397,257
経 費	33,863	33,294
(内人件費)	(28,876)	(31,967)
(内原価償却費)	(4,987)	(1,327)
完成工事原価	435,718	532,628

解 答 欄 (財務諸比率表)

比 率 名		計 算 式	
		1 期	2 期
収 益 性	1. 総資本経常利益率		
	2. 売上高経常利益率		
	3. 総資本回転率		
流 動 性	4. 流動比率		
	5. 当座比率		
	6. 運転資本保有月数		
	7. 固定比率		
	8. 自己資本比率		
	9. 固定負債比率		
生 産 性	10. 労働生産性		
	11. 従業員1人当たり完成工事高		
	12. 従業員1人当たり総資本		

【解答】
(1) 各比率の算定式と結果

比率	(解　答)　計算式と結果	
	1　期	2　期
1	(18,746÷368,913)×100＝5.08%	(17,122÷513,818)×100＝3.33%
2	(18,746÷485,345)×100＝3.86%	(17,122÷603,591)×100＝2.84%
3	485,345÷368,913＝1.32 回	603,591÷513,818＝1.18 回
4	(312,603－98,361)÷(264,816－85,692)×100＝119.61%	(461,953－101,543)÷(384,619－86,421)×100＝120.86%
5	192,569÷(264,816－85,692)×100＝107.51%	298,874÷(384,619－86,421)×100＝100.23%
6	(312,603－264,816)÷(485,345÷12)＝1.18 月	(461,953－384,619)÷(603,591÷12)＝1.54 月
7	(55,980÷62,881)×100＝89.03%	(51,207÷61,164)×100＝83.72%
8	(62,881÷368,913)×100＝17.05%	(61,164÷513,818)×100＝11.90%
9	(41,216÷62,881)×100＝65.55%	(68,035÷61,164)×100＝111.23%
10	(485,345－56,956－30,814－314,085－3,008)÷4,000＝2,012 万円	(603,591－69,238－32,839－397,257－21,827)÷4,000＝2,061 万円
11	481,894÷4,000＝12,047 万円	576,629÷4,000＝14,416 万円
12	368,913÷4,000＝9,222 万円	513,818÷4,000＝12,845 万円
	付加価値＝売上高－(材料費＋労務費＋外注費＋兼業事業売上原価)、従業員＝4,000 名	

(2) 総合評価表

総合評価表

比率名		計算値		同業種平均
		1期	2期	
収益性	1. 総資本経常利益率	5.08%	3.33%	2.08%
	2. 売上高経常利益率	3.86%	2.84%	2.70%
	3. 総資本回転率	1.32回	1.18回	1.05回
流動性	4. 流動比率	119.61%	120.86%	104.50%
	5. 当座比率	107.51%	100.23%	71.50%
	6. 運転資本保有月数	1.18月	1.54月	0.80月
	7. 固定比率	89.03%	83.72%	145.70%
	8. 自己資本比率	17.05%	11.90%	10.00%
	9. 固定負債比率	65.55%	111.23%	119.50%
生産性	10. 労働生産性	2,012万円	2,061万円	1,704万円
	11. 従業員1人当たり完成工事高	12,047万円	14,416万円	10,544万円
	12. 従業員1人当たり総資本	9,222万円	12,845万円	12,678万円

(3) 収益性・流動性・生産性に関する所見

(a) 収益性について

収益は同業種平均を上回っているものの、1期に比べ2期はかなり低下している。工事量が増加したにもかかわらず売上高経常利益率が低下しているのは、工事の採算性が悪化していることを示す。

総資本回転率も低下し、立替工事や在庫投資などの増加により資本の活動効率が悪化している。

以上の結果が総資本経常利益率の低下をもたらしている。しかし、まだ同業種平均以上の水準を維持している状態にはある。

(b) 流動性について

流動比率による短期的な支払能力は、同業種平均より高い水準となっている。これは、完成工事未収入金や販売用資産に対する所要の増加資金を、主として長期借入金に依存したことによるものである。

当座比率は低下しているが100%を上回っており、当面の支払能力には不安要件はない。運転資本保有月数は大幅に増加し、非常に高水準にある。したがって、短期的支払能力は経営成績の悪化とは逆に高まっている。

固定比率は100%以下で固定資産と長期資本のバランスは好ましい傾向を示しているが、自己資本比率は 5.15 ポイントも低下し、資本構成は借金が増加し悪化の傾向にある。

　また、固定負債比率は、1期に比べ2期は倍近くで、100%を超す比率となり固定負債は増加し、長期支払能力は悪化の傾向にある。

　そのため、経営成績の面では、支払利息が増加するためマイナス要因となり、今後の工事資金収支には十分な注意が必要となる。しかし、同業種平均よりも良好な状態にはある。

　(c)　生産性について

　労働生産性は、2期は1期に比べ49万円の増加となり良い傾向にある。また、従業員1人当たり完成工事高についても、2期は1期をかなり上回る工事高を上げている。

　いずれも同業種の平均値に対して上回っており、生産性は高いことがうかがえる。しかし、1人当たり完成工事高の伸びに比べて労働生産性は伸びていない。

　従業員1人当たり総資本はかなりの増加を示し、この増加により1人当たり完成工事高が高められている。

第8章　ISO規格による品質、環境マネジメント

8.1　ISOとは

　「ISO」とはInternational Organization for Standardization の頭文字を取ったもので、日本語では国際標準化機構といっている。この頭文字ではIOSとなるが、「等しい」という意味のギリシャ語である「ISOS」の意味も含めて「ISO」としている。

　私たちは国内に限らず、海外に出かけた場合、トイレや非常口のマーク、写真のフィルムなど世界共通の規格を使用していることで不便を感じないですむことが多い。これは国際標準化機構で規格や使用を定め、各国がこれに従っているからである。この規格にはボルトやネジ、フィルムのような製品規格から、試験方法やシステムなどのように目に見えない規格もある。

　ISO9000sの品質マネジメント規格やISO14000sの環境マネジメント規格はシステムを規格化したもので、システム規格といわれている。

　ISOは昭和22年(1947)に設立されジュネーブに本部が置かれており、現在132カ国が加盟し、わが国は昭和27年(1952)に加入している。

　平成10年(1998)時点で11,950の国際標準が制定されており、現在、約4,000の規格制定が準備されている。建設関連に関する規格は約3,000にものぼっており、その幾つかを**表8.1**に示す。

　規格は**図8.1**に示すように、ISOなどで定めた国際規格を頂点に地域別、各国別、団体別などに定めた規格があり、より上位で汎用性のある規格への整合が求められている。ISOで定めた規格の中で普及が特に著しいのは、品質マネジメントシステムと環境マネジメントシステムである。

　この規格は、組織や企業が品質向上や環境保全についてISO規格に従ってシステムを構築し、それに基づいて行動していることを第三者が認証するものである。

表 8.1　建設関係の主な ISO 規格

規格番号	規格名	制定年	備考
ISO9001	品質マネジメントシステム	2000 年	改定
ISO2394	構造物の信頼性に関する一般原則	1998 年	
ISO14001	環境マネジメントシステム	1996 年	
ISO10721－1	鋼構造の材料と設計	1995 年	
ISO10721－2	鋼構造の政策と仮設	1999 年	
ISO3010	構造物の設計の基本（地震の作用）	1988 年	
ISO679	セメントの試験方法	1989 年	
ISO5455	製図―尺度	1979 年	製図規格

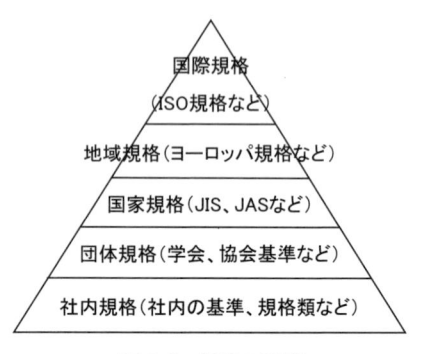

図 8.1　規格の種類

（ピラミッド図：国際規格（ISO規格など）／地域規格（ヨーロッパ規格など）／国家規格（JIS、JASなど）／団体規格（学会、協会基準など）／社内規格（社内の基準、規格類など））

表 8.2 に、日本適合性認定協会（JAB：The Japan Accreditation Bord Conformity Asessment）の ISO 認証登録の推移を示す。これによれば、2006 年（平成 18 年）で ISO9001 の認証登録件数は 4.4 万件近くを数え、ISO14001 は 1.9 万件以上に達している。

表 8.2　JAB 認証登録の推移

	2003 年	2004 年	2005 年	2006 年
ISO9001	33,224 件	39,922 件	42,585 件	43,564 件
ISO14001	9,270 件	14,987 件	17,524 件	19,427 件

8.2 ISOの位置づけと必要性

　近年、建設関係企業において、ISOの認証取得が増えている背景には、国際化の進展、WTOに関する協定、受注体質強化や品質確保、環境面での社会的要請がある。

8.2.1　国際化の進展

　国際化は人、物、情報などが国境や人種、民族、宗教の違いを越えて自由に交流されることであり、IT革命などにより近年特に活発化している。科学や技術の進歩により国際化が進展し、世界がグローバル化していくことは避けがたいことである。

　これまで国際化の進展にとって障害になっていたものとして、関税がある。自国の産業保護のために輸入関税を課すことが行われてきたが、近年では保護貿易は改善され関税による垣根は相当低くなってきている。

　もうひとつの障害は、国別の技術水準の違いによる製品の品質やサービスの違いである。国別に規格が異なることにより、企業の相互参入が難しくなることや製品の互換性ができないなど不都合が生じる。

　これに対して自由貿易促進のため、WTO（世界貿易機関）では各国の政府調達において、政府機関の定める技術仕様はISOなどが定めた国際規格がある場合は、それを使用するように定めている。

　このことは、各国が独自に定めている国内の諸規格に優先して国際規格を用いることにより、国際的に共通の土俵で物品やサービスを受けられることを意味し、消費者や受益者からは歓迎すべきことといえる。

　建設業では平成2年（1990）前半から英国やその統治領であった香港、シンガポールなどの東南アジアの中でISOの認証資格を求める国がでてき、これに応じ、ゼネコンの海外現地法人が認証取得を開始した。

　わが国の建設会社においては、平成7年（1995）最初の認証取得がなされた。

8.2.2　受注体質の強化と品質確保

　平成11年（1999）前半に発生した建設業界の不祥事の反省から、入札・契約制度の改革が行われ、従来の入札方式である指名競争入札から、透明で客観的であり、競争性もある一般競争入札が採用されることになった。

しかし、一般競争入札では単に価格のみで業者選定がなされることになり、品質確保に不安を抱えることになった。そこで品質確保対策として、一定の品質水準を担保できる ISO9001 が着目されるようになった経緯がある。

平成 6 年(1994)に設置された公共工事の品質に関する調査委員会による提言を受け、平成 8 年(1996)からのパイロット事業を経て、公共工事での ISO9001 適用が活発化していった。この規格は直接物品やサービスの品質を保証するものではないが、一定の品質を確保できるシステムを持った企業を選別できる指標となっている。

一方、受注企業では認証資格ができないと受注機会を失うことも考えられることから、受注確保のための認証取得が活発化してきたのである。

8.2.3 環境問題への対応

年々悪化する環境問題には、地球規模を対象とする地球環境問題と小規模な地域で発生する地域環境問題がある。地球環境問題の解決には地球上の各国が国境を越えて課題に取り組むことが必要であり、それには世界共通のルールが有効である。

ISO14001 は、環境問題に取り組む企業や組織が備えるべきシステムを定めた世界共通の規格である。

建設産業はわが国の基幹産業であり、プロジェクト周辺の騒音、振動、水質、廃棄物、土壌汚染、地盤沈下などの地域環境問題から、大気汚染、省エネルギー、森林資源保護などの地球環境問題まで広範囲な影響要素を有している。

建設産業の環境影響が無視できないものであることから、建設産業に対して環境対応を求める社会的要請が強くなっている。国や自治体が入札参加資格にISO14001 の認証資格を配慮するようになったのは、この現れである。

8.3　ISO9000s

8.3.1　ISO9000s

ISO9000s は顧客に品質を保証する品質管理および品質保証に関する国際規格で、昭和 62 年(1987 年)に制定された。

この規格は平成 6 年(1994)、平成 12 年(2000)に改訂され、平成 20 年(2008)にも改訂された。しかし、2008 年の改訂は、単に規格内容の明確化を目的とし

たもので、規格が要求する事項の追加・変更は一切行われていない。

改定された規格は、1994年規格に対してシステムの中味と思想が大きく異なっている。従来の品質システムでは、規格要求事項に合わせて品質文書を作成し、文書に沿った品質活動をすればよかったが、新しい規格では企業の品質マネジメントシステムを確立することが認証資格の最重要条件となっている。

つまり新しい規格においては、企業が品質について自社のマネジメントシステムを確立すること、顧客満足が実現されていることを監視すること、および顧客満足の状況を立証することが要求されている。

すなわち、品質マネジメントシステムを稼働させることにより、顧客の満足度や不満足度を監視し、顧客要求事項を満たしていることを立証することが求められている。

その結果、品質マネジメントシステムの規格は、次の4つのコア規格に集約されている。

> ISO9000s の内容
> ISO9000：品質マネジメントシステム（概念および用語）
> ISO9001：品質マネジメントシステム（品質保証の要求事項）
> ISO9004：品質マネジメントシステム（企業の品質マネジメントの指針）
> ISO9011：品質および環境マネジメントシステムの監査の指針

8.3.2 適用範囲

表8.3 に ISO9001 の適用範囲を示すが、その目的とするところは、不適合を防止し顧客満足を第一とするものである。

表8.3 ISO9001 の適用範囲

この規格は、次の2つの事項に該当する組織に対して、品質マネジメントシステムに関する要求事項を定めるものである。 　ⅰ) 顧客要求事項および適用される規制要求事項を満たした製品を、一貫して提供する能力を持つことを実証する必要がある場合。 　ⅱ) 品質マネジメントシステムの継続的改善のプロセスを含むシステムの効果的な適用、ならびに顧客要求事項および適用される規制要求事項への適合の保証を通して、顧客満足の向上を目指す場合。

表 8.4　品質方針(例)

品質方針
技術力と知恵を駆使して、社会の発展に貢献するという経営理念の基に、受託した工事を誠実に遂行することはもとより、絶えざる技術革新により品質を保証し、顧客（クライアントやエンドユーザである国民）の期待に応える作品を提供する。これにより、顧客満足を向上させ、会社の発展を図る。この実現のために、品質マネジメントシステムを運用し、継続的に改善するとともに、常に品質の向上に努める。 　　　　　　　　　　　　　　　　　　　　　　　　　　　○○○○株式会社 　　　　　　　　　　　　　　　　　　　　　　　　　　　社長　　□□□□

8.3.3　品質マネジメントシステムの特徴とモデル
(1)　構成と特徴

1994 年規格と 2008 年規格の規格要求事項の比較を**表 8.5** に示す。また、**表 8.6** には 2008 年規格の構成ポイントを示す。

規格のポイントは、品質マネジメントシステム、経営者の責任、資源の運用管理、製品実現、測定、分析および改善の 5 つの視点からの要求事項からなっており、トップマネジメントのコミットメント、顧客満足度、組織内のプロセス志向、継続的改善の概念が定められている。

品質マネジメントシステムの特徴は、**図 8.2** に示すように、「顧客要求事項」を出発点として「顧客満足」を実現して行くプロセスとして、「経営資源マネジメント」(Plan)→「製品の実現」(Do)→「測定・解析・改善」(Check)→「経営者の責任」(Action)という連続的反復進行の「管理サイクル」の手法を用いている。

このサイクルの実施によって、顧客要求事項を満たした商品を一貫して提供する能力と、顧客満足を向上させていくための継続的改善(スパイラルアップ)を実現しようとするものである。

つまり、品質マネジメントシステムは、顧客満足度の観点に加え、品質経営のプロセスを常に測定・監視する必要があり、継続的な改善を求めるものである。

表 8.5　ISO9001 における要求事項の比較

ISO9001:1994 年	ISO9001:2008 年
0.　序文　　1.　適用範囲　　2.　引用規格	0.　序文　　1.　適用範囲　　2.　引用規格
3.　定義	3.　用語及び定義
4.　品質システム要求事項	4.　品質マネジメントシステム
4.1　経営者の責任	4.1　一般要求事項
4.2　品質システム	4.2　文書化に関する要求事項
4.3　契約内容の確認	5.　経営者の責任
4.4　設計管理	5.1　経営者のコミットメント
4.5　文書及びデータの管理	5.2　顧客重視
4.6　購買	5.3　品質方針
4.7　顧客支給品の管理	5.4　計画
4.8　製品の識別及びトレーサビリティ	5.5　責任、権限及びコミュニケーション
4.9　工程管理	5.6　マネジメントレビュー
4.10　検査・試験	6.　資源の運用管理
4.11　検査、測定及び試験装置の管理	6.1　資源の提供
4.12　検査試験の状態	6.2　人的資源
4.13　不適合品の管理	6.3　インフラストラクチャー
4.14　是正措置及び予防措置	6.4　作業環境
4.15　取り扱い、保管、包装、保存及び引渡	7.　製品の実現
4.16　品質記録の管理	7.1　製品実現の計画
4.17　内部品質監査	7.2　顧客関連プロセス
4.18　教育・訓練	7.3　設計および開発
4.19　付帯サービス	7.4　購買
4.20　統計的方法	7.5　製造及びサービスの提供
	7.6　測定及び監視機器の管理
	8.　測定、解析及び改善
	8.1　一般
	8.2　監視及び測定
	8.3　不適合製品の管理
	8.4　データ分析
	8.5　改善

表8.6 ISO9001の構成とポイント(2008年)

```
4  品質マネジメントシステム
4.1  一般的要求事項
4.2  文書化に関する要求事項    4.2.1  一般    4.2.2  品質マニュアル
4.2.3  文書管理    4.2.4  記録の管理
```

```
5  経営者の責任
5.1  経営者のコミットメント    5.2  顧客重視    5.3  品質方針
5.4  計画    5.4.1  品質目標    5.4.2  品質マネジメントシステムの計画
5.5  責任、権限およびコミュニケーション    5.5.1  責任および権限
5.5.2  内部コミュニケーション
5.6  マネジメントレビュー
```

```
6  資源の運用管理
6.1  資源の提供
6.2  人的資源
6.2.1  一般
6.2.2  力量、認識及び教育と訓練
6.3  インフラストラクチャー
6.4  作業環境
```

```
8  測定
8.1  一般    8.2  監視及び測定
8.2.1  顧客満足    8.2.2  内部監査
8.2.3  プロセスの監視及び測定
8.2.4  製品の監視及び測定
8.3  不適合成品の管理
8.4  データの分析    8.5  改善
8.5.1  継続的改善    8.5.2  是正措置
8.5.3  予防措置
```

```
7  製品実現
7.1  製品実現の計画
7.2  顧客関連のプロセス    7.2.1  製品に関連する要求事項の明確化
7.2.2  製品に関連する要求事項のレビュー    7.2.3  顧客とのコミュニケーション
7.3  設計、開発    7.3.1  計画    7.3.2  インプット    7.3.3  アウトプット
7.3.4  レビュー    7.3.5  検証    7.3.6  妥当性確認.    7.3.7  変更管理
7.4  購買    7.4.1  購買プロセス    7.4.2  購買情報    7.4.3  購買製品の検証
7.5  製造及びサービス提供    7.5.1  製造及びサービス提供の管理
7.5.2  製造及びサービス提供に関連するプロセスの妥当性の確認
7.5.3  識別及びトレーサビリティ    7.5.4  顧客の所有物    7.5.5  製品の保存
7.6  監視機器及び測定機器の管理
```

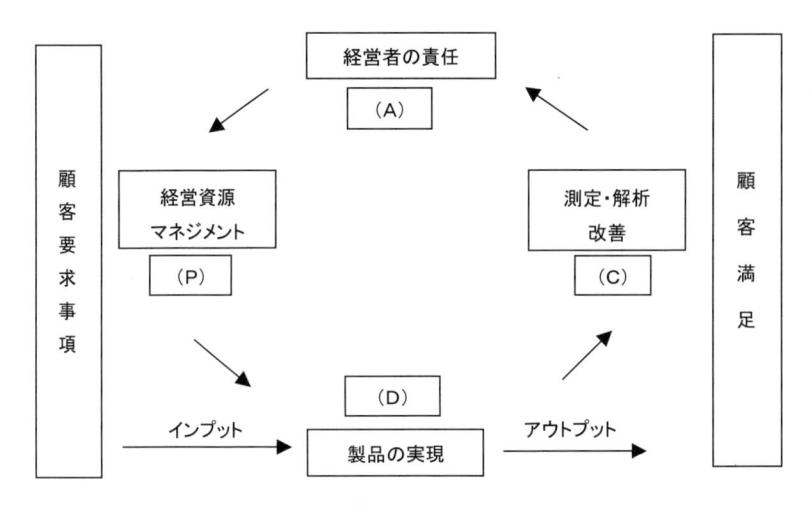

図 8.2　品質マネジメントシステム（継続的改善）のモデル

(2) 品質マネジメントの8原則

表 8.7 のように、品質マネジメントの8原則が定められている。

この内容と、**図 8.2** に示した品質マネジメントシステムとの関係を述べると次の通りである。

表 8.7　品質マネジメントの8つの原則

① 顧客重視：組織は顧客に依存しており、現在および将来の顧客ニーズを理解し、顧客要求事項を満たし、顧客の期待を超えるよう努力すべきである。
② リーダーシップ：リーダーは組織の目的と方向を一致させる。リーダーは人々が組織の目標を達成することに十分参画できる内部環境を作り出し、維持する。
③ 人々の参画：全ての階層の人々は組織にとって根本要素であり、その全面的な参画によって組織の便益のためにその能力を活用することが可能となる。
④ プロセスアプローチ：活動および関連する資料が1つのプロセスとして管理されるとき、望まれる結果がより効率よく達成される。
⑤ システムアプローチ：相互の関連するプロセスを1つのシステムとして明確にし、運営管理することが組織の目的を効果的で効率よく達成することに寄与する。
⑥ 継続的改善：組織の総合的パフォーマンスの継続的改善を組織の永遠の目標とすべきである。
⑦ 意思決定への事実に基づくアプローチ：効果的な意思決定は、データおよび情報の分析に基づいている。
⑧ 供給者との互恵関係：組織およびその供給者は独立しており、両者の互恵関係は両者の価値創造能力を高める。

(a)　経営の責任

　経営の責任は、組織は経営者の明確なリーダーシップと責任によってはじめて機能するという考えから定められている。これは、品質マネジメントの8原則のリーダーシップとシステムアプローチに相当する。

　(b)　経営資源マネジメント

　資源の運用管理は、人、インフラストラクチャー、作業環境という資源を適切に提供し運営しなければ成果が上がらない、という考え方から定められている。これは、品質マネジメントの8原則の人々の参画に相当する。

　(c)　製品の実現

　製品実現は企業の基幹業務、すなわち顧客と接触し、その要求を確認して契約、設計、購買、製造やサービスの提供を行い、製品を引き渡すために何を押さえるべきかというポイントをまとめるためのものである。これは、品質マネジメントの8原則のプロセスアプローチ、顧客重視、供給者との互恵購買に相当する。

　(d)　測定・分析・改善

　測定・分析及び改善は、組織は品質の良いものを提供し続けるためには製品の検査、プロセスの検証、組織自体がシステムとして機能しているかの検証を行い続けて、検証結果を客観的に分析し問題があれば改善するという活動を続けていかなければならない、という考え方から定められている。これは品質マネジメントの8原則の継続的改善と意思決定への事実に基づくアプローチに相当する。

(3)　トップマネジメントが果たすべき役割と責任

　品質マネジメントシステムを経営マネジメントの側面からみた場合、次のような特徴を有している。

---

①　最高経営者の役割がより重要視されるようになること。
②　品質目標、品質計画の役割が強化されること。
③　新しいマネジメントレビューの内容がより強化されること。
④　経営資源マネジメントが重要視されること。
⑤　プロセスマネジメントの概念が明確に位置づけられること
⑥　品質マネジメントシステムの継続的改善が要求されること。

　以上のことから、品質マネジメントシステムにおけるトップマネジメントの果たすべき役割と責任については**図**8.3、**表**8.8に示す内容が求められている。

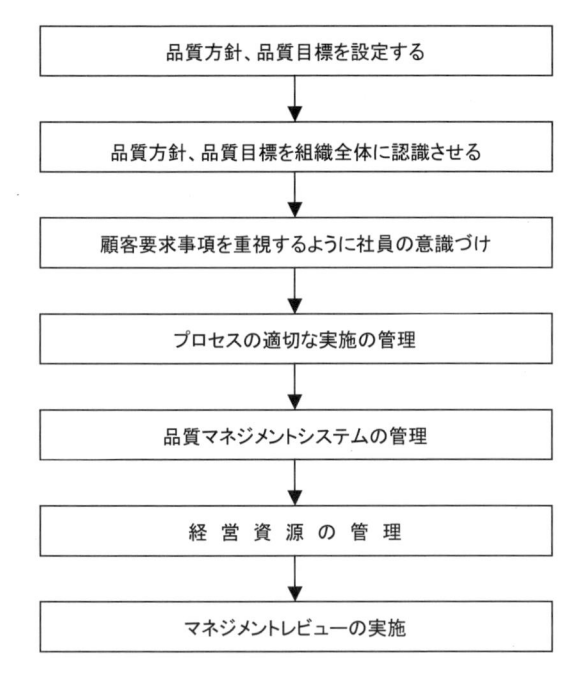

```
┌─────────────────────────────┐
│ 品質方針、品質目標を設定する │
└─────────────────────────────┘
              ↓
┌─────────────────────────────────────┐
│ 品質方針、品質目標を組織全体に認識させる │
└─────────────────────────────────────┘
              ↓
┌─────────────────────────────────────┐
│ 顧客要求事項を重視するように社員の意識づけ │
└─────────────────────────────────────┘
              ↓
┌─────────────────────────────┐
│ プロセスの適切な実施の管理 │
└─────────────────────────────┘
              ↓
┌─────────────────────────────┐
│ 品質マネジメントシステムの管理 │
└─────────────────────────────┘
              ↓
┌─────────────────────────────┐
│ 経 営 資 源 の 管 理 │
└─────────────────────────────┘
              ↓
┌─────────────────────────────┐
│ マネジメントレビューの実施 │
└─────────────────────────────┘
```

図 8.3　ISO9000 のトップマネジメントの役割

表 8.8　経営者のコミットメント

> 　トップマネジメントは次の点についてコミットして、それを実行していることを実証する必要がある。
> ①　顧客要求事項および法的要求事項を組織として満足することが重要だということを組織内に周知する。具体的には経営理念、ビジョンとそれをより明確にした品質方針を徹底すること。
> ②　品質方針と品質目標を設定する。
> ③　マネジメントレビューを実施して、品質方針と品質目標を含むフォローアップ活動を実施する。
> ④　品質マネジメントシステムを機能させるための経営資源を提供すること。
> ⑤　資源が使用できることを確実にする。

8.3.4 公共事業への適用

平成6年度より一般競争入札が導入された。これにより、公共事業における価格のみによる競争が、結果として、極端な低価格受注に伴う品質の低下も懸念されたことより、国土交通省と道路公団はISO9000sのパイロット工事を平成8年度より実施し、平成11年度までに他の公共機関も含めて、建設省関連のパイロット工事を74件実施した。

パイロット工事に関しては、ISO9000sの認証資格を入札参加条件とはしたものではなかったが、その後の平成13年度における国土交通省の一般競争入札発注工事のうち、約40％が入札応募業者へのISO認証要求となった。

(1) 関東整備局発注のX共同溝工事への適用例

(a) 特記仕様書

国土交通省関東整備局のX共同溝工事では、特記仕様書に品質マニュアルと作業手順書、および品質計画書から成る品質文書の記載内容を定め、その作成と提出を契約後3カ月以内に提出することを義務づけるとともに、品質システム文書に基づき工事を実施することとしている。

ただし、請負者がISO9001または9002の認証を取得している場合は、認証取得時の品質マニュアルおよび作業手順書の提出で代替可能である、と定められている。

(b) 請負者の品質システム文書

工事品質計画書の基本的構成は次の通りである。
① 担当者の責任と権限の明確化
② 手順書、実施要項、管理表等の文書の定型化
③ 手順の記録の文書化
④ 品質の全社管理と品質管理システムの全社的フィードバック

表8.9 国土交通省のおけるISO9000s適用事業

	ISO9000s適用事業実施件数/発注件数	
	2000年度	2001年度
一般建設関係		
・一般競争入札	(18/175件)	(77/195件)
・公募型指名競争入札	(11/740件)	(64/926件)
・工事希望型指名競争入札	0	(14/1,063件)
建設コンサルタント業務等	7件	21件

8.4 ISO14000s

8.4.1 ISO14000s

ISO14000s は企業活動を対象とした環境マネジメントの国際規格で、平成 8 年(1996)に国際規格として承認された。この規格制定の背景には、地球環境問題への危機意識と企業における環境コストの公平な負担という考え方がある。

特に、狭い地域に工業国が隣接しているヨーロッパでは、酸性雨やライン川汚染など国を越えた環境問題が深刻化し、圏内で活動する企業に環境対策を充実させる必要があった。

そこで平成 5 年に EC 規則を制定し、圏内の企業にこれを遵守させることを求めたが、この基準は単なる指針であり、監視して認証する規格ではなく、しかも、各国ごとに認証基準が異なるという大きな問題があった。

ISO は認証規格のために技術委員会を設置し、その準備に取りかかり、平成 8 年に国際規格として採択された。

ISO14000s の内容は、**表 8.10** に示す規格から構成されている。

表 8.10　ISO14000s の内容と項目

ISO14000 ～ 14009	環境マネジメントシステム	環境マネジメントシステムの要求事項
ISO14010 ～ 14019	環境監査	環境性能の検証と支援手段の規格
ISO14020 ～ 14029	環境ラベル	製品やサービスがライフサイクルを通じて、環境にどれだけ負荷を与えないように配慮してつくられたかの情報を消費者に開示し、アピールする際の規格
ISO14030 ～ 14039	環境性能	環境マネジメントシステムの運用成果と達成度の評価のための規格
ISO14040 ～ 14049	ライフサイクルアセスメント	製品の一生にわたる環境への影響を整理し評価するための規格
ISO14050 ～ 14059	用語と定義	
ISO14060 ～ 14100	予備	

8.4.2 環境マネジメントシステムの特徴とモデル
(1) 構成と特徴

環境マネジメントシステムの要求事項は、図8.4に示される構成から成っており、システムを構築し運用していくためには、「4.2」から「4.6」の項目に示される規格要求項事項を満足するために必要な手順を確立すること、および、そのシステムを維持するため、P(計画)→D(実行)→C(点検)→A(アクション)の連続的反復進行の管理サイクルを実行することが求められている。

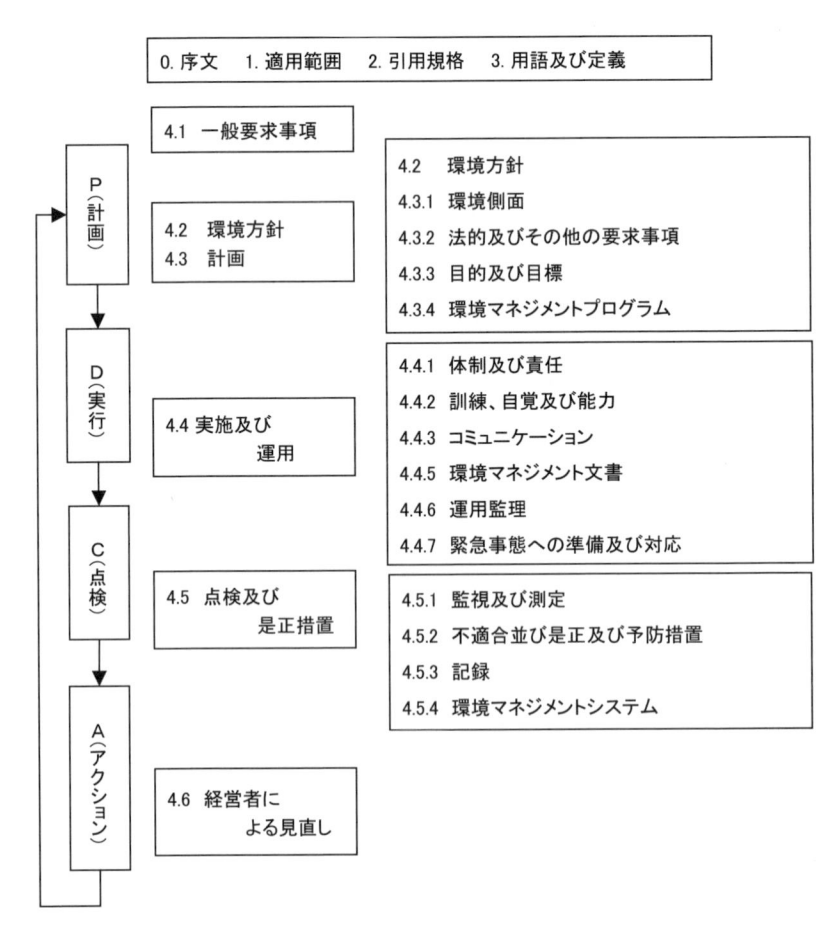

```
0. 序文   1. 適用範囲   2. 引用規格   3. 用語及び定義
```

4.1 一般要求事項

P(計画)
- 4.2 環境方針
- 4.3 計画
  - 4.2 環境方針
  - 4.3.1 環境側面
  - 4.3.2 法的及びその他の要求事項
  - 4.3.3 目的及び目標
  - 4.3.4 環境マネジメントプログラム

D(実行)
- 4.4 実施及び運用
  - 4.4.1 体制及び責任
  - 4.4.2 訓練、自覚及び能力
  - 4.4.3 コミュニケーション
  - 4.4.5 環境マネジメント文書
  - 4.4.6 運用監理
  - 4.4.7 緊急事態への準備及び対応

C(点検)
- 4.5 点検及び是正措置
  - 4.5.1 監視及び測定
  - 4.5.2 不適合並び是正及び予防措置
  - 4.5.3 記録
  - 4.5.4 環境マネジメントシステム

A(アクション)
- 4.6 経営者による見直し

図8.4　ISO14001(環境マネジメントシステム)の構成

そのための要素として重要なものは、次の項目に要約できる。
① 方針の確立
② 環境側面の特定
③ 法規制の要求事項の特定
④ 目的・目標の特定
⑤ 方針、目的、目標のための体制と実行計画の確立
⑥ 計画、運用管理、監視、不適合、是生、予防措置、監視、見直し、活動維持
⑦ 変化する環境への対応
以下に、各項目についての内容を詳細に述べる。

(2) 環境方針の確立

方針はその組織の環境マネジメントシステムの出発点となるものであり、トップマネジメントが自ら定めることを求めている。

(3) 環境側面の特定

環境に相互に影響しえる組織の活動、製品およびサービスの要素を環境側面という。騒音、振動、地盤沈下の発生、排気ガスの放出、廃棄物の排出などは環境側面の例である。

これに対し有害か有益化を問わず、全体的にまたは部分的に環境側面から生じる環境の変化は、環境影響といわれる。

大気汚染、近隣アメニティの悪化、建物や地下埋設物への影響、天然資源の枯渇などは有害な環境影響の例で、水質または土壌の質の改善などは有益な環境影響の例である。

環境側面とこれに伴う環境影響の関係は一種の因果関係にあり、これらの抽出にあたっては、次のような側面から捉える必要がある。
① 企業自身の活動の中で、直接コントロールできるもの
② 資材や工法の選択、協力会社への要請、顧客の提案などで間接的にコントロールできるもの

表8.11に、環境側面と環境影響の一例を示す。

表8.11 環境側面と環境影響(例)

事業活動	環境側面	環境影響
建設機械の運転	排気ガスの発生	大気汚染
	騒音の発生	近隣アメニティの悪化
	振動の発生	建物や近隣への影響、
掘削工事	地盤沈下の発生	建物、地下埋設物への影響

(4) 法的およびその他の要求事項

環境側面の現状把握に加え、環境側面と環境影響を規制する法的規制を明確にすることを要求している。

特に建設業では、環境・影響側面に対する法的要求事項と企業が同意するその他の要求事項を特定し、参照できる手順を確立し維持することが求められている。

(5) 環境目的および環境目標

方針を具体化した目標と目的が求められ、次の事項が要求される。

① 社内の各部門、階層で文書化された環境目的、環境目標を設定し維持すること。

② 目的の設定、見直しには法的およびその他の要求事項、著しい環境側面、技術上の選択肢、財政上、運用上、事業上の要求事項、ならびに利害関係者の見解に配慮すること。

③ 環境目的および環境目標は、汚染の予防に関する目標を含め、環境方針との整合を必要とすること。

(6) 環境マネジメントプログラム

プログラムの要点は、目標を達成するための責任、手段そして方法を明確にすることであり、次の事項が規定されている。

① 企業は環境目的および環境目標を達成するため計画を策定し維持する。

② 計画には次の事項を含む。
 ⅰ) 企業内の各部門および階層における目的および目標を達成するための責任の明示
 ⅱ) 環境目的および環境目標達成のための手段および日程

③ 全社的な計画がプロジェクトにも適用できるように整合性を取る。

(7) 実施および運用

実施と運用については、ⓐ体制及び責任　ⓑ教育と訓練・自覚及び能力　ⓒコミュニケーション　ⓓ環境マネジメント文書　ⓔ運用監理　ⓕ緊急事態への準備及び対応の6つの要求項目により規定している。

(8) 点検および是正

環境に著しい影響を及ぼす可能性がある運用および活動のカギとなる特性を、定常的に監視、測定する手順を確立し維持することが求められている。成果、達成度、環境法規制の遵守を定期的に評価する必要がある。

(9) 環境マネジメントシステムの監査

定期的に実施する環境マネジメントシステムの監査の計画と手順を確立し維持することが求められている。

① 環境マネジメントシステムの監査を通じて次の点を明確にする。
　ⅰ） この規格の要求事項を含めて、環境マネジメントのために計画された取決めに合致しているか。
　ⅱ） 環境マネジメントシステムが適切に実施され、維持されるか。
② 監査の結果に関する情報は、経営者に提供される。

(10) マネジメントレビュー

監査の結果はマネジメントレビューの場に報告されて、経営者によるシステムの見直しが行われる。

8.4.3 建設業の環境マネジメントシステム

(1) 建設業におけるこれまでの取組み

建設業においては、従来、建設工事の騒音、振動、地盤沈下や、建設物による日照、風害などの環境変化による公害が問題になっていた。その上、最近では建設廃棄物による公害が問題となり、それらのリサイクルも大きな課題となっている。

建設業では、建設物の製品そのものが環境に与える影響に加え、建設の施工プロセスにおける副産物が環境に与える影響に対するマネジメントが必要になってきている。後者の建設公害を防止するための環境マネジメントについて、平成5年(1993)以降、社会的な法体系の整備と行政的な取組みが進められてきた。

平成7年、国土交通省においては「品質、環境等に関する国際規格の公共工事への適用に関する調査委員会」において、ISO14001の取組みを決定し、モデル事業の検討や海外の動向調査を実施した。

平成8年、建設リサイクル懇談会における「ISO14001による環境マネジメントシステムの導入は、建設リサイクル推進にとって有効である。」との提言を受けて、モデル事業が具体化され、平成10年、国土交通省はISO14001に準拠したモデル事業を決定した。

ISO14000sは、このようなインフラストラクチュアの整備を背景に、企業ごとの環境マネジメントシステムをまとめていくことが求められている。

(2) 建設業の環境マネジメントシステムの構築の必要性
建設業の環境マネジメントシステム構築の必要性は次の通りである。
　(a)　環境負荷の低減および環境改善
　システムを構築し継続的な改善を重ねていくうちに、建設副産物の発生抑制・リサイクル、水質汚濁、地盤沈下防止、緑化の推進など環境パフォーマンスのレベルが向上し、環境の負荷を低減できる。
　(b)　法規制遵守による環境リスクの回避
　廃棄物処理法や水質汚濁防止法などの環境関連の法規制等の強化の動きに対して、事業活動に関わる法規制値を遵守点検することにより、環境事故防止につながり企業のリスクマネジメント力が向上する。
　(c)　廃棄物排出削減・リサイクル等への対応
　建設業において環境コストの大部分を占める建設副産物の発生抑制や省エネルギー・省資源などを環境目的・目標に設定し、システムを実施運用することによりコストダウンを図ることができる。
　(d)　企業体質の改善と社会的責任の遂行
　役割、責任および権限が明確になり、企業のマジメント力が向上する。環境マネジメントを確実に実行することにより、環境問題への関心の高い利害関係者に満足を与えることができる。

8.4.4　ISO14001構築の事例
(1)　現状把握・手順整備
　ISO14001では環境影響評価を実施し、その結果を考慮して環境方針・目的・目標を設定しなければならない。まず、環境影響評価手法を確立し、各工事ごとに関連データを収集しスコアリング評価を行う。
　次に、契約書・仕様書・協定や苦情、環境関連の事故等を考慮し、組織全体の著しい環境側面を特定する。著しい環境側面とは、洗い出された環境側面の中から環境に特に著しく影響を与えている環境側面、および、与える可能性のある環境側面をいう。
　具体的には、施工活動により環境影響に著しく影響を与える原因系のもので、建設機械の騒音・振動の発生や建設副産物の処理、処分などがこれに相当する。

環境方針は、著しい環境側面を考慮して、汚染の予防、継続的改善、および法規制の遵守を含めて、規格要求事項に適合するよう立案する。

目的、目標、行動計画については、著しい環境側面の中から、技術、コスト、事業上、利害関係者の見解等に留意して策定する。

```
1. 洗い出す。         ⇒   2. 特定する。        ⇒   3. ルールを決める。
自社の環境側面を          著しい環境側面を          特定した環境側面を
洗い出す。                特定する。                改善するルールを作る。
```

表8.12、表8.13に環境側面と環境影響および法的要求事項の一例を示す。

表8.12 環境側面と法的要求事項(例)[12]

環境側面	環境影響	法的規制	主な要求事項	組織の状況	守るべき事項
建設重機使用による騒音の発生	近隣アメニティの悪化	騒音規制法	・法第2条3項： ・「特定建設作業」とは、建設工事として行われる作業の内、著しい騒音を発生する作業であって政令で定めるもの。 (例) ・杭打機 ・破砕機 ・コンクリートプラント	・指定地域内の作業があるか。 ・対象作業に該当するか。 ・騒音が基準範囲内か。 ・該当地域の条例があるか。	・作業の届出 ・騒音の測定 ・条例の遵守
建設工事に伴う廃棄物の発生	最終処分場の逼迫	廃棄物の処理および清掃に関する法律	・法第12条3項： ・事業者は産業廃棄物の運搬または処分を他人に委託する場合には産業廃棄物収集運搬業者、産業廃棄物処理業者に委託しなければならない。	・産業廃棄物は発生するか。 ・産業廃棄物処理施設が設置されているか。 ・多量排出事業者かどうか。 ・該当地域の条例があるか。	・廃棄物処理管理 ・設置の許可 ・処理計画届出 ・条例の遵守

表 8.13　建設事業に関する環境関連法体系と法的要求事項

環境基本法 (平成5年11月公布)	大気汚染・悪臭	大気汚染防止法 悪臭防止法　等
	騒音・振動	騒音規制法 振動規制法　等
環境基本計画 (閣議決定：平成6年12月) 1. 環境を基調とした経済社会システムの実現 2. 自然と人間の共生 3. 環境保全に関する行動への参加 4. 国際的取り組みの推進	水質汚濁	水質汚濁防止法、下水道法 河川法　等
	土壌汚染	農薬取締法 土壌汚染環境基準　等
	地盤沈下	工業用水法、地下水採取規制　等
	建設廃棄物 の再生	再生資源利用促進法 建設副産物適正処理法　等
環境政策大綱 (建設省：平成6年1月) 建設産業が自主的に環境対策に取り組むための行動規範の策定と推進	建設廃棄物 の廃棄	廃棄物処理法 浄化槽法　等
	道路交通	道路法 道路交通法　等
	危険物	火薬類取締法　等
建設産業政策大綱 (建設省：平成7年4月) 資源の有効利用 環境負荷の低減、 「環境への配慮」を提言	建設産業環境行動ビジョン(平成8年10月) 環境の基本目標と活動方針を設定し、 建設産業の取り組みの方向性を明示	

(2)　組織整備・教育啓蒙

　環境マネジメントシステムの指示・実施・確認は、環境管理責任者を中心に各部門の協力体制のもと、社長(支店長)→環境管理責任者→主管部長→作業所長のラインで行う。中でも、作業所長を統括する主管部長が重要な役割を果たすことになる。

　環境マネジメントシステムの円滑な運用のため、環境方針を全社員、作業員に徹底し、実際に環境影響に関わる人に対する教育と訓練が必要である。システムのパフォーマンスレベルを改善するためには、内部監査員の養成を含めて、内容と方法を充実させていく必要がある。

表 8.14 環境に対する主な国際条約

オゾン層の保護	1985 年	ウイーン条約
	1987 年	モントリオール議定書
		→オゾン層の破壊物質規制
地球温暖化	1992 年	気候変動枠組条約
	1997 年	京都議定書
		→温室効果ガス規制
酸性雨	1979 年	長距離越境大気汚染条約
	1985 年	ヘルシンキ議定書
		→硫黄酸化物の排出量規制
	1988 年	ソフィア議定書
		→窒素酸化物の排出量規制
海洋汚染	1972 年	ロンドンダンピング条約
		→陸上廃棄物の海上投棄規制
	1973 年	MARPOL73/78 条約
		→船舶からの油、有害物規制
	1990 年	OPRC 条約
		→大規模油汚染事故対応
有害廃棄物越境移動	1989 年	バーゼル条約
		→有害廃棄物越境移動規制
生物多様性	1971 年	ラムサール条約
		→水鳥が生息する湿地の保護
	1973 年	ワシントン条約
		→野生動植物の国際的取引規制
	1992 年	生物多様性保全条約
		→生物種の保護
砂漠化	1994 年	砂漠化防止条約

表 8.15　環境方針（例）

　　〇〇株式会社△△支店は作業所及び店内の事業活動の特性や地域特性を考慮して、次の方針を定める。
① 環境保全活動を推進するために、環境管理システムを整備・運用し維持する。
② 事業活動の環境影響を確実にとらえ、技術的、経済的に可能な範囲で環境目的、目標を定め、環境活動の継続的な改善に努める。
③ 環境に関連する法規制、協定などを遵守し、環境政策や業界の行動規範を尊重して、地域社会との強調に努める。
④ 事業活動に係る作業所及び店内において、汚染の予防、環境負荷の低減、及び環境改善をはかるために、次の環境保全活動を推進する。
　　1）建設副産物発生の抑制及びリサイクルの推進
　　2）工事騒音・振動の発生の抑制
　　3）水質汚濁及び周辺地盤の変状の防止
　　4）店内の資源の有効利用の推進
⑤ 環境方針の周知及び環境意識の向上を図る。
⑥ 環境監査を実施して、環境管理の維持向上を図る。

　　　　　　　　　　　　　　　　　　　　〇〇〇株式会社△△支店
　　　　　　　　　　　　　　　　　　　　　　支店長　□□□□

表 8.16　環境方針に対する目的・目標（例）

No.	目的	目標
1	コンクリート・アスコン塊のリサイクル率向上	前年度比 5％率向上
2	建設発生土のリサイクル率向上	前年度比 5％率向上
3	建設混合廃棄物の発生量の削減	単位床面積発生量 25kg 以下
4	熱帯材型枠材の使用量の削減	前年度比 5％率削減
5	工事騒音の抑制	苦情件数前年度比 5％率削減
6	工事振動の抑制	苦情件数前年度比 5％率削減
7	水質汚濁の防止	規制値 95％以下とする
8	地盤沈下の防止	許容値を超える件数 0 件とする
9	コピー紙の使用量削減	前年度比 5％率削減

第9章　労働安全衛生マネジメント

9.1　建設工事における労働安全と衛生

　建設業は重層構造のもと、所属の異なる労働者が同一の場所で作業するという作業形態であり、短期間に作業形態が刻々変化するという他の業態にはみられない大きな特徴がある。このような性格から、これまでに多くの労働災害が発生している。しかし、どのような事情があろうとも作業者の安全と健康を犠牲とすることは許されることではない。

9.1.1　建設工事の作業環境の特徴
　他の業種にはみられない建設工事の作業環境を述べると、ほぼ次のような要因に要約できる。
(1)　厳しい作業環境
　建設工事は現地に仮設備といわれる生産設備を組み立てて行われることから、厳しい作業環境のもとでの作業を余儀なくされる。例えば、トンネル工事では、狭隘な高温多湿空間に掘削設備を設けて、昼夜連続での掘削作業が行われる。また、高層ビルの建築工事では、鳶職と呼ばれる特殊技術を持つ作業員が超高層下で鉄骨の組立や解体作業が実施されている。
(2)　変化する作業環境
　工事の進捗に伴い作業場所や周囲の状況が変化する。例えば、昨日まで作業通路となっていた場所に開口部が設けられていたり、重機が入っていて解体作業や掘削作業を行っているなど、刻々と作業形態が変化する。これに対して、その時々の作業状況を全作業員に周知徹底することや安全施設を設置することが求められるが、不行き届きになることもある。
(3)　混在する作業環境
　コンクリート工事では支保工の組立、型枠、鉄筋の加工組立、コンクリート打設など、完成するまでに多くの工程が実施される。これらの作業は、異なる専門

工事業者により実施される特異な生産形態となっていることから、同じ場所で異なる会社の作業員が混在して作業する状態となり、労働安全と衛生に関するマネジメントの徹底を厳しくしている。

(4) 高齢化と熟練度の低下

若年労働者人口の減少に伴い、建設現場で働く作業員の高齢化が進んでいる。また、若者の建設業離れもあり熟練労働者も少なくなってきている。このことが建設現場における安全を脅かす要因となっている。

9.1.2 労働災害と疾病発生状況

労働災害による被災者の推移を**図 9.1**に示す。これによると、昭和 50 年から昭和 55 年以降は被災者の数は全産業、建設業とも大きく減少し、その後も減少傾向にあり、各企業の労働安全意識の高揚に加え各現場関係者の努力がうかがえる。

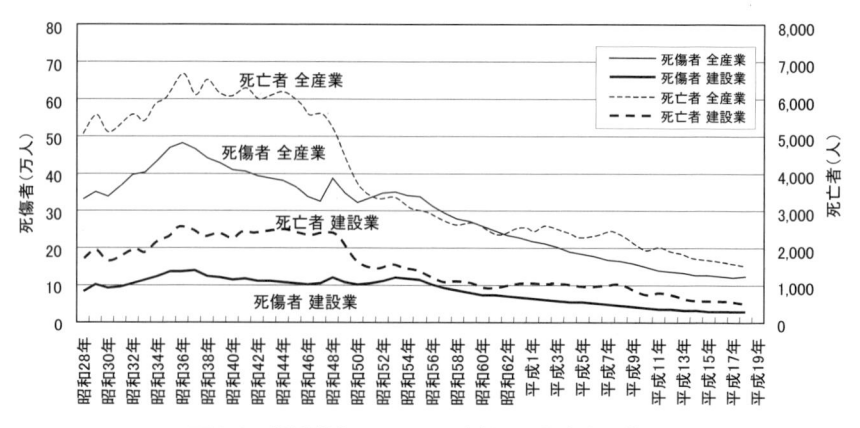

図 9.1 労働災害による死亡者数、死傷者数の推移

しかしながら、建設工事における労働災害による死傷者数は、平成 18 年においては、全産業の 121,378 名のうち建設工事におけるものは 26,872 名と全産業の 2 割以上を占めている。

また、死亡者数については昭和 48 年(1973)の 2,440 名から平成 18 年には 508 人へと大きく減少しているものの、全産業と比較してみると死亡者の約 3.5 割を占めていることから、全産業に占める建設業の労働災害は依然として大きな問題といえる。

特に死亡災害の減少傾向は鈍い上に、土砂災害、型枠支保工の崩壊など、大規模で一度に多くの被災者が出る事故も多々発生している。

9.1.3　労働災害発生の仕組みと要因

　労働災害発生の仕組みと要因について、これまでの労働災害を分析してみると、それらの原因は「人」が直接関わった原因と、工具や部品、服装、足場といった人以外の「もの」が関わった原因に分けることができる。
　前者を「人的要因」、後者を「物的要因」と呼ぶ。災害発生を引起す理由を災害発生以前までさかのぼって考えると、図 9.2 に示すように、「直接的要因」と「間接的要因」に区分できる。
　直接的要因には、人的要因と物的要因が、間接的要因には技術的要因、教育的要因、管理的要因がある。

直接的要因	物的要因	・機械や設備、部品の欠陥 ・作業設備・作業環境の欠陥 ・作業方法の欠陥	労働災害発生
	人的要因	・機械、装置の不正使用、不整備 ・作業手順・作業方法の間違い	

間接的要因	技術的要因	教育的要因	管理的要因
	不当な技術の適用	不正な教育・教育不足	管理体制の不備

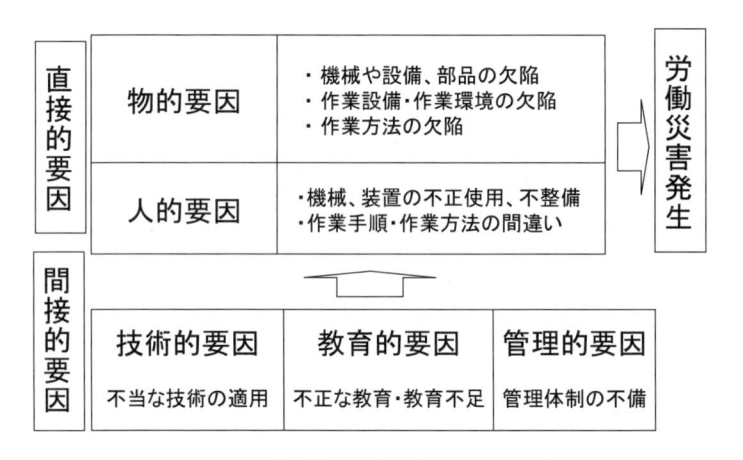

図 9.2　労働災害発生の仕組みと要因[8]

9.2　労働安全衛生に関する諸制度

9.2.1　労働安全衛生に関する法律

　昭和 22 年(1947)に労働者の権利と安全衛生を規定した労働基準法が施行され、また同年には労働者の負傷、疾病、障害または死亡に対して保険給付を行うことを目的として、労働者災害補償保険法が制定された。

その後、鉱山やトンネル工事による塵肺(粉じんによる肺の慢性疾患)が社会的問題になり、昭和35年(1960)塵肺法が制定、昭和47年(1972)には、労働安全に関わる条項を労働基準法から分離させて、労働安全衛生法が制定された。

9.2.2 労働安全衛生法の概要

労働安全衛生法の構成は、全123条から成る刑罰をもって履行を強制する行政刑罰法規である。行為者を処罰する他、法人に対しても刑罰刑を科す両罰規定に特徴がある。

この法律は、労働基準法の中の労働安全と衛生に関する条項を、分離独立させて制定したという経緯があり、労働基準法と併せて適用することが必要である。

労働安全衛生法は、昭和47年に制定された法律で、**表9.1**に示すように、本法、政令および省令により構成されている。

表9.1 労働安全衛生法の構成

法　律	政　令	省　令
労働安全衛生法	労働安全衛生法施行例	労働安全衛生規則
		ボイラー及び圧力容器安全規則
		クレーンなど安全規則
		ゴンドラ安全規則
		有機溶剤中毒予防規則
		高気圧作業安全衛生規則
		電離放射線障害防止規則
		鉛中毒予防規則
		四アルキル鉛中毒予防規則
		特定化学物質等障害防止規則
		事務所衛生基準規則
		酸素欠乏症等防止規則
		粉塵障害防止規則
		製造時等検査代行機関等に関する規則
		機械等検定規則
		労働安全コンサルタント及び労働安全衛生コンサルタント規則

9.2.3 労働災害と安全、衛生の定義

　労働安全衛生法で定義される労働災害（労災）とは、労働者の就業に関わる建設物、設備、原材料、ガス、蒸気、粉塵等により、または業務上の作業行動により労働者が負傷し、疾病にかかり、または死亡することをいう。

　労働災害は、一般的には死亡者または負傷者1名ごとに1件と数える。同時に多数の労働者が被災する災害があった場合は、その被災者の数を労働災害の件数としており、したがって労働災害発生件数は、労働災害による被災者数と一致する。

　安全と衛生の区別については、安全は地山の崩壊や危険物の爆発、労働者の不安全行動などの異常事態により発生する労働災害から労働者を守ることをいい、衛生とは腰痛や塵肺、騒音性難聴など通常の作業状態での災害を防止することをいう。

9.2.4 労働災害発生に伴う法的責任

　建設業者は、建設業の営業に関連する法規を遵守することはもとより、施工に際しては、業務上必要とされる事項に関して注意を怠らず、適正に建設工事を施工しなければならない。

　建設業法には、法の遵守するための罰則を設けたほか、行政上の監督処分の規定が設けられている。罰則が法律上の義務に違反した者に対して相当の刑罰を課すことにより、法律上の義務違反を一般的に予防しようとするものである。

　行政処分として行われる監督処分は、指示、営業の停止または許可の取消しといった行政処分の権限を建設業の許可行政庁に与え、この行政処分の適格な運用により建設工事の適正な施工を確保し、発注者を保護するとともに、建設業の健全な発達を促進しようとするものである。

(1) 刑事責任

　労働安全衛生法では、事業者に対して労働災害防止の事前予防のための安全衛生管理措置を定め、罰則をもって遵守を義務づけている。労働災害の発生の有無を問わず、これを怠ると刑事責任が課せられる。

　また、業務上労働者の生命、身体、健康に対する危険防止の注意義務を怠って、労働者を死傷させた場合、業務上過失致死傷罪に問われることになる。

(2) 民事責任

　被災労働者または遺族から労働災害で被った損害について、不法行為責任や安全配慮義務違反で損害賠償を請求されることがある。その請求により、労働保険

給付が行われる場合、事業者は労働保険給付額の限度で損害賠償の責任を免れる。しかし、この給付額を超える損害に関しては民事上の損害賠償の責任が問われることになる。

(3) 補償責任

労働者が労働災害を被った場合、被災者や家族が困らないように保護する必要がある。労働基準法や労働者災害補償保険法による使用者の無過失責任として、業務の遂行に内在する危険性が現実化して事故が発生した場合、労働者の治療と生活補償を目的とする補償を使用者に義務づけている。

(4) 行政責任

労働基準局などの行政当局は法律や政令、省令などに基づいて、災害防止に必要となる監督指導を行っている。労働安全法違反や労働災害発生の急迫した危険がある場合は、機械設備の使用停止や作業停止などの行政処分を受けることがある。

国土交通省や地方自治体は、工事の施工に関して汚職事件や工事事故を発生させた企業に対して、一定期間は入札に参加させない措置を講じている。民間においては企業ごとに対応は異なるが、同様の措置を取ることも多い。

(5) 社会的責任

以上に述べた責任を負った企業は、社会からの信頼性が低下することは明らかであり、また、労働災害による直接・間接コスト(間接コストは直接コストの約4倍)により、企業としての基盤が危ぶまれることもある。

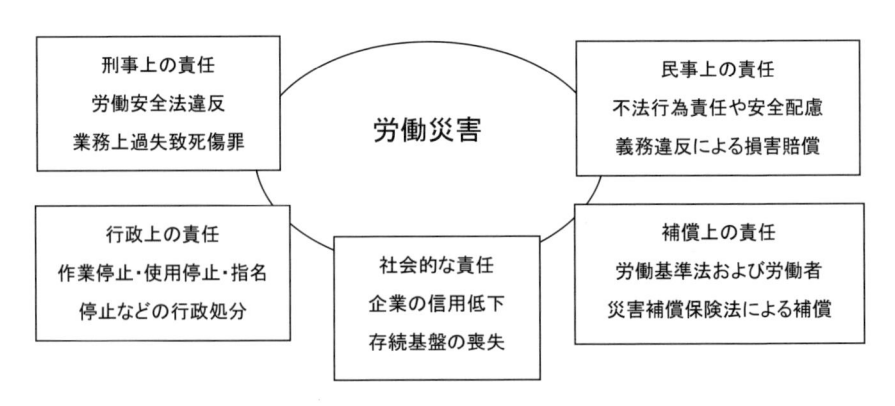

図9.3　労働災害に関わる企業の責任

9.2.5　労働安全衛生管理の要点

　建設工事は重層下請によって仕事が行われることが多く、異なる下請会社により雇用された作業員が同一の場所で異なる作業を行っている。

　このため、現場において生じる労働災害を防止するためには、それぞれの下請会社が行う個別の安全管理とは別に、すべての事業者を含めて統括的に管理する必要がある。

　統括管理は元請業者により行われ、安全衛生協議会の設置と運営、下請業者に対する安全指導と指示、作業間の連絡調整などを行うことが義務付けられている。

(1)　安全衛生管理体制

　災害防止活動の推進母体となるものが安全衛生管理体制である。労働安全衛生法では、事業場における安全衛生管理体制についての最低の基準を定めている。

　図9.4に安全衛生委員会の組織の一例を示す。

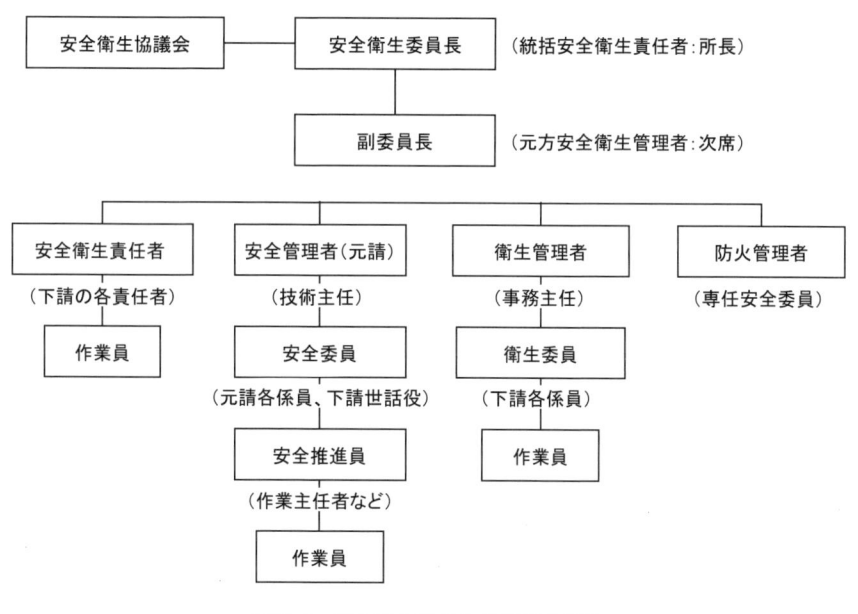

図9.4　安全衛生委員会の組織(例)[10]

表 9.2 総括安全衛生管理者などの主な職務内容（労働安全衛生法 10～13 条）

種別	内容	備考
総括安全衛生管理者	事業所長で事業の実施を統括管理する	常時 100 人以上の直用労働者を使用する事業場
安全管理者	総括安全衛生管理者を補佐し、安全に関する技術的な事項を管理する	常時 50 人以上の直用労働者を使用する事業場
衛生管理者	総括安全衛生管理者を補佐し、衛生に関する技術的な事項を管理する	常時 50 人以上の直用労働者を使用する事業場
産業医	専門的な立場から、健康診断や労働者の健康管理を行う	常時 50 人以上の直用労働者を使用する事業場

表 9.3 統括安全衛生責任者などの主な職務内容（労働安全衛生法 15～16 条）

種別	内容	備考
統括安全衛生責任者	工事の代表者であり、事業の実施を統括管理する	同一場所で元請・下請合わせて常時 50 人以上の労働者がいる事業場
元方安全衛生管理者	統括安全衛生責任者が統括管理すべき事項のうち、技術的な事項について管理する	統括安全衛生責任者を選任した事業場。元請でその工事の専属者
安全衛生責任者	統括安全衛生責任者との連絡やその他の関係者への連絡を行う	下請現場の責任者であるが、統括管理する資格はない

(2) 安全衛生管理活動

　安全衛生管理活動は、現場で発生する災害の防止および労働者の健康管理を目的としているものであり、それは工事の進め方（工程）によって定まるもので、計画は工程と一体化されたものでなければならない。

　工程において何を安全衛生管理上の重点とすべき点については、過去にその工程で発生した災害の事例が参考になる。各種の資料から災害事例を検討し、その工程における危険性をよく理解し、自分の現場で何を行えば、最も効果的にその危険性を除去できるかをよく考えて施策を選ぶ必要がある。

　以上の基礎の上で、整理整頓、足場・機械設備などの点検整備、正しい作業の仕方（安全作業標準）の教育、ツール・ボックス・ミーティング、KY 活動、安全当番制、朝礼の実施、安全について協力会社との打合せの実施、協議会の開催、各種掲示の実施および健康診断等の項目について、竣工までの安全衛生管理計画を作成しておく必要がある。

また、各項目について具体的に実施する方法を決めておかなければならない。表9.4に安全衛生管理活動の例を示す。

表9.4 安全衛生管理活動(例)[10]

時 期	内 容
着工時	施工計画の作成と審査、年間計画の作成
月 間	安全衛生協議会、安全大会の開催、月間計画の作成と安全工程会議の開催、機械・電気機器の月例点検
週 間	週間計画の作成と安全工程会議の開催、仮設物の点検・維持
日 常	安全施工サイクルの実施(職場体操、安全朝礼、TBM、KY活動、始業前点検、安全衛生パトロール、安全工程会議など)、新規入場者教育、職長会の開催
随 時	安全衛生教育(職長教育、特定作業従事者に対する特別教育、安全衛生講習会など)、安全意識の高揚(安全表彰、提案制度、安全標語、ポスター、安全看板類の提示など)、健康診断(雇入時、定期、特殊検診)、各種訓練(防火・防災・避難訓練)
	TBM(ツール・ボックス・ミーティング) 作業前の打合せにおいて行われるのが TBM である。道具箱(ツール・ボックス)を囲んで打合せをすることから名付けられた。職長を中心に、一緒に作業をする仲間だけで、作業内容や手順、問題点などを短時間に要領よく話し合い、全員に周知、納得させる。また、前日の作業打合せでの元請業者での指示をもとに、TBM日報を事前に作成しておき、これをもとにTBMを行う。TBM修了後は、日報に全員参加の確認のサインを記入することが大切である。 KY活動(危険予知活動) 作業前打合せにおいて、TBMと一緒に実施されるのがKY活動である。これは、TBMで打ち合わせた当日の作業内容にどのような危険が潜んでおり、また、どのような点に注意して作業をしなければならないかを全員で自由に意見を出し合うことにより危険を予知し、その対策を講じることによって、未然に危険要因を排除する活動である。

9.2.6 労働災害の評価指標

過去に起こった労働災害情報は、管理活動の評価や災害防止を目的としてまとめられ、統計解析が行われている。このような評価指標には次のようなものがある。

(1) 度数率

度数率とは災害の発生頻度を測る基準で、延べ労働100万時間当たりの死傷災害発生件数で求められる。

$$度数率 = \frac{死傷件数}{延べ労働時間} \times 1,000,000 \tag{9.1}$$

(2) 強度率

強度率とは災害の大きさ(程度)を知るための指標で、延べ労働 1,000 時間当たりの災害による労働損失日数(**図 9.5** 参照)で求められる。

$$強度率 = \frac{労働損失日数}{延べ労働時間} \times 1,000 \tag{9.2}$$

(3) 年千人率

年千人率とは労働者の人数当たりの災害発生頻度を年間で表す指標で、労働者 1,000 人当たりの 1 年間の被災者数で求められる。

$$年千人率 = \frac{年間死傷件数}{年間平均労働者数} \times 1,000 \tag{9.3}$$

- 死亡……………………7,500日
- 永久全労働不能………表の身体障害等級1～3級の日数(7,500日)
- 永久一部労働不能……表の身体障害等級4～14級の日数
- 一時労働不能…………暦日の休業日数に300/365を乗じた日数

- 死亡……………労働災害のため死亡したもの
- 永久全労働不能…労働基準法施行規則に規定された身体障害等級の第1級～第3級に該当する障害が残るもの。
- 永久一部労働不能…身体の一部を完全にそう失したもの、または、身体の一部の機能を永久に不能になったもの、すなわち、身体障害等級表の第4級～第14級に該当する障害を残すもの。
- 一時労働不能……災害発生の翌日以降、少なくとも1日以上は負傷のため労働できないが、ある期間を経過すると治癒し、身体障害等級表の第1級～第14級に該当する障害を残さないもの。

身体障害等級(級)	1～3	4	5	6	7	8	9	10	11	12	13	14
労働損失日数(日)	7,500	5,500	4,000	3,000	2,200	1,500	1,000	600	400	200	100	50

図 9.5 労働損失日数の規定

図9.6に、産業別労働災害(度数率、強度率)の経年変化を示している。

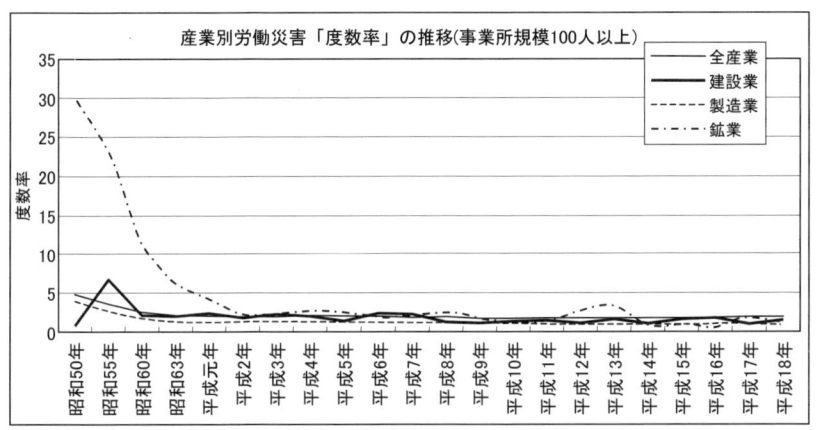

産業別労働災害「度数率」の推移(事業所規模100人以上)

度数率	平成11年	平成12年	平成13年	平成14年	平成15年	平成16年	平成17年	平成18年
全産業	1.80	1.82	1.79	1.77	1.78	1.85	1.95	1.90
建設業	1.44	1.10	1.61	1.04	1.61	1.77	0.97	1.55
製造業	1.02	1.02	0.97	0.98	0.98	0.99	1.01	1.02
鉱業	1.37	2.76	3.40	0.86	1.03	0.54	1.84	1.27

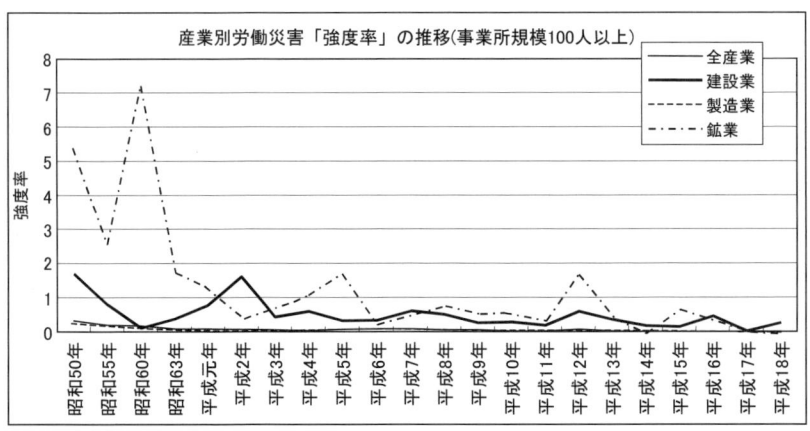

産業別労働災害「強度率」の推移(事業所規模100人以上)

強度率	平成11年	平成12年	平成13年	平成14年	平成15年	平成16年	平成17年	平成18年
全産業	0.14	0.18	0.13	0.12	0.12	0.12	0.12	0.12
建設業	0.30	0.70	0.47	0.28	0.25	0.57	0.14	0.37
製造業	0.12	0.12	0.10	0.12	0.11	0.11	0.09	0.11
鉱業	0.42	1.77	0.57	0.03	0.75	0.17	0.08	0.03

図9.6　産業別労働災害の推移

9.3 労働安全衛生マネジメント

9.3.1 労働安全衛生マネジメント

　これまで述べてきたように、日本の建設業における労働安全衛生管理は、労働安全衛生法を中心とした法体系によって規制されてきた。このような国内規制は、現在、各国ごとに行われているが、1990年代後半になって、労働安全衛生マネジメント規格を制定する試みが各国で始まっている。

　OHSMS(Occupational Health And Safety Management System)と呼ばれているこの規格は、ILO(International Labor Organization：国際労働機関)の労働安全衛生マネジメントシステムに関わるガイドラインとして、1996年イギリスで制定、その後、オランダ、オーストラリアなど各国で制定された。

　この動向を受け、平成6年(1994)にISO環境マネジメントの専門委員会で国際標準化規格の提案がなされた。しかし当時においては、ISO9000s、14000sの定着が先だということから、OHSMSの規格化は時期尚早として見送られた。

　その後、平成10年にジュネーブで開催されたISO総会において、労働安全衛生マネジメントシステムに関する国際標準化について再度検討されることになり、その制定が期待されているところである。

　この国際規格の制定とは別に、企業の「自主対応型アプローチ」による労働安全衛生制度の改革が国際的に進行している。

　その理由としては、労働安全衛生の管理は、これまでの「法規準拠型アプローチ」のみでは十分な成果を収めることができないことが指摘されているからである。

　特に建設業の場合、労働安全衛生法の施行とその普及に伴い、建設工事における労働災害の件数は減少したが、その半面で重大事故がむしろ増加していることが懸念されている。

　このようなことから、日本の労働安全衛生管理の自主的な規格として定められた、中央労働災害防止協会による労働安全衛生管理マネジメントシステムがある。

9.3.2 建設業労働安全衛生マネジメントシステム

　厚生労働省は平成11年(1999年)4月、労働安全衛生規則第24条の2に基づき、労働安全衛生マネジメントシステムの指針を公表した。これを受け、建設業労働災害防止協会により「建設業労働安全衛生管理マネジメントシステムガイドライン(COSMS：Construction Occupational Health And Safety Management

System)」が発表されている。

　このガイドラインは、これまで建設企業が取り組んできた日本独特の安全衛生活動のノウハウを取り入れられるよう、また、国際的なマネジメントシステムの考え方と整合性が取れるように定められたものである。

　このガイドラインは労働安全衛生関係法令の遵守を前提とし、建設事業上の安全衛生管理に関する仕組みを作るために、必要な基本的事項が定められている。

　その構成は、**表 9.5** に示すように、「1. 目的」「2. 適用等」「3. 用語と定義」「4. システムを確立するために必要な基本的事項」の 4 項目から成っている。

表 9.5　建設業労働安全衛生管理マネジメントシステムの必要な基本的事項

	店社において必要な基本的事項		作業所において必要な基本的事項
4.1.1	安全衛生方針の表明	4.2.1	工事安全衛生方針の表明
4.1.2	危険又は有害要因の特定及び実施すべき事項の特定	4.2.2	危険又は有害要因の特定及び実施すべき事項の特定
4.1.3	安全衛生目標の設定	4.2.3	工事安全衛生目標の設定
4.1.4.	安全衛生計画の作成	4.2.4	工事安全衛生計画の作成
4.1.5	労働者の意見の反映	4.2.5	労働者等の意見の反映
4.1.6	安全衛生計画の実施及び運用等	4.2.6	工事安全衛生計画の実施及び運用等
4.1.7	作業所において必要な基本的事項に関する手順の作成等	4.2.7	関係請負人の安全衛生管理能力等の評価
4.1.8	システム体制の整備	4.2.8	緊急事態への対応
4.1.9	システム教育の実施	4.2.9	日常的な点検及び改善
4.1.10	関係請負人の安全衛生管理能力等の評価	4.2.10	労働災害、事故等の原因の調査並びに問題点の把握及び改善
4.1.11	文書化	4.2.11	文書化、記録及び報告
4.1.12	緊急事態への対応		
4.2.13	日常的な点検及び改善		
4.1.14	労働災害、事故等の原因の調査並びに問題点の把握及び改善		
4.1.15	システム監査		
4.1.16	記録及びその改善		
4.1.17	システムの見直し		

　店社の役割は、建設事業全体のシステムの確立と、システム全体の実施および運用、システム監査、システムの見直しをすることであり、作業所の役割は、施工する工事の特性を踏まえ、システムを具体的に実施・運用し、その結果を建設事業者らに報告することにある。

9.3.3 建設業労働安全衛生マネジメントシステム構築

建設業労働安全衛生管理マネジメントシステムの構築の決め手は、表9.5に示した「4.1.2 および 4.2.2 の危険又は有害要因の特定及び実施すべき事項」の特定方法にある。

特定の方法としては、セーフティ・アセスメント手法、FMEA 手法、リスク・アセスメント手法、チェックリスト等が活用できる。

特定のための情報源として何を活用するか、新情報をどう取り込むかを、建設工事の規模、工事の種類等、その実態に合わせて定め、それらに合った手法を開発して特定することが重要である。

特定する手法の一例としては、特定のための情報源を決め、工事工程と災害要因(人的、設備的、作業的、管理的)との関連性を示す表を作成し、この情報源から抽出した事項を表の中に落とし込み、それぞれについて、その危険の可能性と重大性を評価し、評点の高いものと、工事工程を見定めて、実施すべき事項を特定する方法がある。

(1) セーフティ・アセスメント手法

建設工事における労働災害は、施工計画の作成段階における安全対策が不十分であったと思われるものが少なくない。

建設工事のセーフティ・アセスメント(安全性の事前評価)は、工事に関わる工法、機械、設備等について施工中に予想される危険性に対して、設計または計画の段階で定性的、定量的な評価を行い評価に応じた対策を講じるものである。

建設工事のセーフティ・アセスメントは、次の順序で行われる。

第1段階 基礎資料の収集
安全性を評価するため基礎資料の収集を行い、この資料から得られた情報をもとに第2段階以降の手順で安全対策の検討を行う。

第2段階 基本的事項の検討
施工する工事における安全を確保する上で必要不可欠な基本的事項について、適切な対策を講じる。

第3段階 危険度のランク付け
施工する工事ごとに特有な災害(例:トンネル工事のガス爆発、坑内火災、異常出水、落盤等、橋梁架設工事の構造物倒壊、重量物取扱災害等)について、施工中に発生する危険性を評価する。

|第4段階| 安全衛生対策の検討

特有な災害の危険度のランクに見合う安全対策を講じる。

厚生労働省におけるセーフティ・アセスメント(厚生労働省)に関する指針は次の通りである。

> ① 圧気シールド工事、圧気ケーソン工事に係るセーフティ・アセスメントについて(昭和60/5/22、基発第280号の2)
> ② 鋼橋架設工事に係るセーフティ・アセスメントについて(昭和60/10/29、基発第61号の2)
> ③ 推進工事に係るセーフティ・アセスメントについて(昭和62/9/7、基発第528号)
> ④ PC橋架設工事に係るセーフティ・アセスメントについて(昭和63/3/7、基発第136号)
> ⑤ シールド工事に係るセーフティ・アセスメントについて(平7/2/24、基発第94の2号)
> ⑥ 山岳トンネルに係るセーフティ・アセスメントについて(平8/7/25、基発第448号の2)

(2) FMEA (Failure Mode and Effect Analysis) 手法

FMEAは事故モード影響解析という手法で、施工計画段階、施工の節目ごとに実施する安全事前評価の手法をいう。

この順序の例を以下に示す。

(a) 作業別に予想される災害の抽出

施工する工事について、作業別に予想される災害抽出表により各工程ごと予想される災害を抽出する。

(b) 危険度の評価

FMEAにより事故の可能性と重大性の評価を行い、安全衛生対策を検討する。作業別に予想される災害抽出表により抽出された予想される災害について、評価表により、予想される災害の可能性と重大性について評価する。この評価に対する対策、管理方法等を検討してまとめる。

(c) 事故要因解析の実施

FTA (Fault Tree Analysis=事故要因解析) により、特に重大であるとされる災害について安全衛生対策を検討する。特に重大であると判断される災害に対して、その原因をさかのぼって分析し、必要な対策を系統的に、かつ、漏れなく見つけ出す。

次にこの見つけ出した対策は、「いつ」「だれが」「どこで」「どのように」実施するのかを明確にする。また、事故の原因別に具体的な安全衛生のチェックポイントを整理する。

(3) リスク・アセスメント手法

先に述べたセーフティ・アセスメントは、比較的大規模な機械・設備等の導入前または工事の施工前に実施するもので、定性的、定量的評価で用いる評価基準と、危険度ランクに応じた安全対策(設備的対策、管理的対策)が、あらかじめ具体的に定められており、これに基づいて必要な対策を講じるものである。

これに対して、リスク・アセスメント手法はリスクを事前に評価することで、リスクが許容される程度よりも大きい場合には、各種の安全方策を実施して許容以下のリスクになるまでリスクを下げる手法をいう。

図9.7に国際安全規格で示されているリスクの定義について示す。これによれば、リスクとは「危険源(hazard)に存在する危害のひどさ」と「その危害の発生確率」から定まるものとされている。

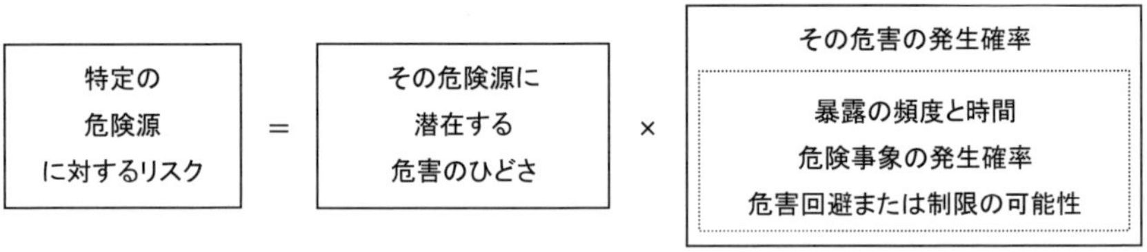

| 特定の危険源に対するリスク | = | その危険源に潜在する危害のひどさ | × | その危害の発生確率
暴露の頻度と時間
危険事象の発生確率
危害回避または制限の可能性 |

図9.7 国際安全規格 ISO14121 で示されるリスク

図9.8にリスクと安全の概念を示す。リスク・アセスメントにおける安全とは絶対的安全を意味するのではなく、リスクという数量的概念を導入して、それが許容できるまで低く抑えられる状態を示している。

例えば壊れかけた階段のリスクについて述べれば、仮に壊れかけた階段においても、それが閉鎖されたり、必要がなかったり、仕切りを設け立入禁止措置が講じられていれば、そのリスクは低いといえる。

一方、同じ階段を毎日使っていれば、高いリスクがあることになる。それが上の階に物を運ぶ唯一の階段で、何人かの作業員が同時に昇降するのであれば、リスクはさらに高くなる。仮に階段が3mしかない場合は、高さ6mもある場合に比べ、潜在的な危険性は小さく、同様に多くの者が使う場合は、災害の重大性が人数に比例して大きくなる。

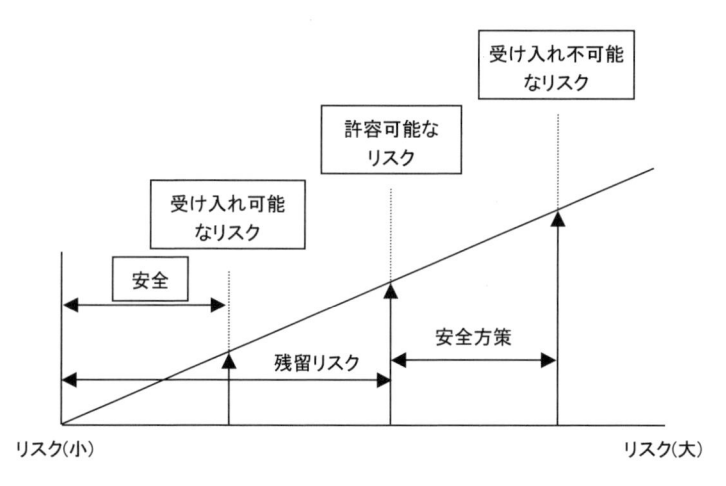

図9.8　許容可能なリスクと安全

　リスク・アセスメントにおけるリスクは、危険源が引起こす可能性と重大性の組合せで、危険源は変化しないがリスクは変化するのである。
　リスク・アセスメントは、一般に次の手順で行われる。

> ① 業務活動を分類する。
> ② 危険(ハザード)を特定する。
> ③ リスクを判定する。
> ④ リスクが耐えられるものかどうか否かを決定する。
> ⑤ 必要に応じて、リスク抑制行動計画を作成する。
> ⑥ 行動計画の妥当性を見直す。

　国際安全規格で定められているリスクの評価基準と、リスク・アセスメントの手順を**図9.9**に示す。

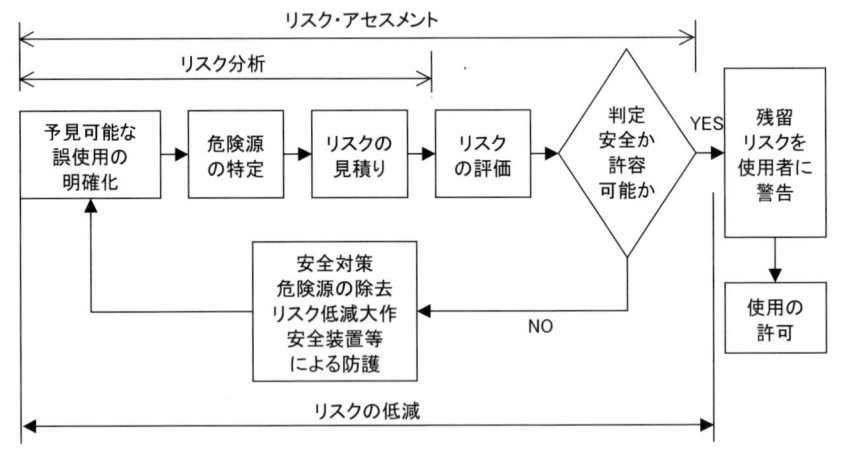

図9.9 リスク評価基準とリスク・アセスメントの手順[3]

　これによれば、まず第1に安全方策の選択指針として、対象とする設備や機械に対する使用条件、すなわち、スペース上の制限や時間的制限等を明確にしておかなければならず、同時に、合理的に予見可能な誤使用、すなわち、通常の人間が間違えてやりそうなことも見いだしておかなければならないとされている。
　第2に、設備や機械の寿命上のすべての局面にわたって人との関わり考えて、そこに存在するすべての危険源を見いださなくてはならない。これを危険源の特定と呼ぶ。ここで危険源とは、「危害の潜在的根源」と定義されている。
　第3に、それぞれの危険源に対して、災害や健康障害に至るすべての状況を想定し、そのリスクを見積もる。そのリスクが許容できるか否かの評価を行い、リスクが十分に低減されていれば問題がないが、許容可能でないリスクが残留すれば、再び、安全設計、安全防護、使用上の情報の順に安全方策を施すことにより許容可能なリスクまでに低減することが要求されるのである。
　表9.6に、危険または有害要因の特定および実施すべき事項の特定表の一例を示した。

(4) チェックリスト手法
　あらかじめ工事の種類に合わせた安全チェックリストを定め、これを活用して施工する工事における安全衛生上の設備面、作業方法、管理面などの対策について検討し、危険または有害要因を除去または低減させるために実施すべき事項の特定をする。

表9.6　危険または有害要因の特定および実施すべき事項の特定表（例）

（シールド工事記入）　　　支店　　　　　　　　作業所

災害発生事例				同種作業の頻度（各工種毎）		リスク総評点 イ×ロ×ハ	ランク分類（重点度）	
発生頻度 イ		災害の重大性 ロ		ほぼ毎日ある	2	8点以上	危険性が非常に高い	A
4回以上	4	致命傷災害	4	月1回以上ある	1	5～7点	危険性が高い	B
3回	3	重傷災害	3	めったにない	0.5	3～4点	危険性がある	C
2回	2	軽度災害	2	ない	0	0～2点	危険性がない	D
1回	1	4日未満	1					

作業別	予想される災害 「災害事例からの主な危険有害要因」 および「予想される主な危険有害要因」	発生頻度 イ	災害の重大性 ロ	作業頻度 ハ	リスク総合点 イ×ロ×ハ	ランク分類	対　策
1. 災害事例による特定							
全般	門型クレーン操作中、門型クレーンに挟まれる	1	3	2	6	B	門型クレーン走行範囲立入禁止柵および警報装置の設置
掘削	軌道上の台車が逸走して挟まれる、または激突される	1	4	2	8	A	軌道端部の両車輪歯止めの設置。台車の連結確認
掘削	セグメント組立時エレクター等に挟まれる	2	2	2	8	A	エレクター操作時に声出し確認を行わせる。エレクター操作回転灯およびブザーの設置
躯体工事型枠	軸組足場プレス間等からの墜落	2	3	1	6	B	立杭用足場の外側全面ネット養生、内側前段小幅ネット取付けの実施、安全帯使用厳守
2次巻型枠	スチールフォームインバート部型枠に挟まれる	2	2	2	8	A	スチールフォーム下部に足場板を水平に取付ける。2次巻作業員の安全靴着用厳守
2次巻コンクリート打設	ポンプ車清掃中、手を挟まれる	2	2	2	8	A	治具による清掃、ガラ掻き出し、操作・清掃は同一人で実施
その他	通勤車輌の交通事故	1	3	2	6	B	通勤車輌運行経路の限定および運転者の指名
2. 事例以外で予想される災害の特定							
仮設備	シールドマシーン組立・解体時の墜落		4	2	8	A	投入時の開口部手摺先行取付けおよび組立作業中の前面足場の設置
掘削	坑内、特に後続台車部における歩行者とバッテリーカーの接触		4	2	8	A	通行基準の制定（バッテリーカーの一時停止、制限速度、警報、立入禁止等を定める）
全般	工事用車輌の作業帯出入時の交通事故		4	2	8	A	誘導員の指示による前進での進入、退出
全般	杭打ち機、クレーン等が倒壊し、沿道家屋に被害を与える		4	2	8	A	機械セット時のオペ職長、元請職員三者の点検表による安全確認
立抗掘削	立抗杭打および掘削時の埋設物損傷		4	2	8	A	埋設物確認と明示統一
全般	熱中症となる		4	2	8	A	気温30℃以上が予想される日は熱中症予防の日として、重点対策実施
3. セーフティ・アセスメントによる特定							
掘削	ガス爆発（掘進途中の都市ガス管損傷による）					I	都市ガス埋設地点の高低測量実施、沈下棒セット
							警報装置、緊急時の措置徹底
掘削、躯体	坑内火災					II	火気および可燃物の持込管理
掘削	異常出水（立坑内露出水道管の損傷による）					I	吊防護水道管の変位測定、変位感知ブザーの設置地
							警報装置、緊急時の措置徹底

巻末表

終価係数表

年	利率 1%	2%	3%	4%	5%	6%	7%	8%	9%	10%
1	1.01	1.02	1.03	1.04	1.05	1.06	1.07	1.08	1.09	1.1
2	1.02	1.04	1.061	1.082	1.103	1.124	1.145	1.166	1.188	1.21
3	1.03	1.061	1.093	1.125	1.158	1.191	1.225	1.26	1.295	1.331
4	1.041	1.082	1.126	1.17	1.216	1.262	1.311	1.36	1.412	1.464
5	1.051	1.104	1.159	1.217	1.276	1.338	1.403	1.469	1.539	1.611
6	1.062	1.126	1.194	1.265	1.34	1.419	1.501	1.587	1.677	1.772
7	1.072	1.149	1.23	1.316	1.407	1.504	1.606	1.714	1.828	1.949
8	1.083	1.172	1.267	1.369	1.477	1.594	1.718	1.851	1.993	2.144
9	1.094	1.195	1.305	1.423	1.551	1.689	1.838	1.999	2.172	2.358
10	1.105	1.219	1.344	1.48	1.629	1.791	1.967	2.159	2.367	2.594
11	1.116	1.243	1.384	1.539	1.71	1.898	2.105	2.332	2.58	2.853
12	1.127	1.268	1.426	1.601	1.796	2.012	2.252	2.518	2.813	3.138
13	1.138	1.294	1.469	1.665	1.886	2.133	2.41	2.72	3.066	3.452
14	1.149	1.319	1.513	1.732	1.98	2.261	2.579	2.937	3.342	3.797
15	1.161	1.346	1.558	1.801	2.079	2.397	2.759	3.172	3.642	4.177
16	1.173	1.373	1.605	1.873	2.183	2.54	2.952	3.426	3.97	4.595
17	1.184	1.4	1.653	1.948	2.292	2.693	3.159	3.7	4.328	5.054
18	1.196	1.428	1.702	2.026	2.407	2.854	3.38	3.996	4.717	5.56
19	1.208	1.457	1.754	2.107	2.527	3.026	3.617	4.316	5.142	6.116
20	1.22	1.486	1.806	2.191	2.653	3.207	3.87	4.661	5.604	6.727

年金終価係数表

年	利率									
	1%	2%	3%	4%	5%	6%	7%	8%	9%	10%
1	1	1	1	1	1	1	1	1	1	1
2	2.01	2.02	2.03	2.04	2.05	2.06	2.07	2.08	2.09	2.1
3	3.03	3.06	3.091	3.122	3.153	3.184	3.215	3.246	3.278	3.31
4	4.06	4.122	4.184	4.246	4.31	4.375	4.44	4.506	4.573	4.641
5	5.101	5.204	5.309	5.416	5.526	5.637	5.751	5.867	5.985	6.105
6	6.152	6.308	6.468	6.633	6.802	6.975	7.153	7.336	7.523	7.716
7	7.214	7.434	7.662	7.898	8.142	8.394	8.654	8.923	9.2	9.487
8	8.286	8.583	8.892	9.214	9.549	9.897	10.26	10.637	11.028	11.436
9	9.369	9.755	10.159	10.583	11.027	11.491	11.978	12.488	13.021	13.579
10	10.462	10.95	11.464	12.006	12.578	13.181	13.816	14.487	15.193	15.957
11	11.567	12.169	12.808	13.486	14.207	14.972	15.784	16.645	17.56	18.531
12	12.683	13.412	14.192	15.026	15.917	16.87	17.888	18.977	20.141	21.384
13	13.089	143.68	15.618	16.627	17.713	18.882	20.141	21.495	22.953	24.523
14	14.947	15.974	17.086	18.292	19.599	21.015	22.55	24.215	26.019	27.975
15	16.097	17.293	18.599	20.024	21.579	23.276	25.129	27.152	29.361	31.772
16	17.258	18.639	20.157	21.825	23.657	25.673	27.888	30.324	33.003	35.95
17	18.43	20.012	21.762	23.698	25.84	28.213	30.84	33.75	36.974	40.545
18	19.615	21.412	23.414	25.645	28.132	30.906	33.999	37.45	41.301	45.599
19	20.811	22.841	25.117	27.671	30.539	33.76	37.379	41.446	46.018	51.599
20	22.019	24.297	26.87	29.778	33.066	36.786	40.995	45.762	51.16	57.275

現価係数表

年	利率									
	1%	2%	3%	4%	5%	6%	7%	8%	9%	10%
1	0.9901	0.9804	0.9709	0.9615	0.9524	0.9434	0.9346	0.9259	0.9174	0.9091
2	0.9803	0.9612	0.9426	0.9246	0.9070	0.8900	0.8734	0.8573	0.8417	0.8264
3	0.9706	0.9423	0.9151	0.8890	0.8638	0.8396	0.8163	0.7938	0.7722	0.7513
4	0.9610	0.9238	0.8885	0.8548	0.8227	0.7921	0.7629	0.7350	0.7084	0.6830
5	0.9515	0.9057	0.8626	0.8219	0.7835	0.7473	0.7130	0.6806	0.6499	0.6209
6	0.9420	0.8880	0.8375	0.7903	0.7462	0.7050	0.6663	0.6302	0.5963	0.5645
7	0.9327	0.8706	0.8131	0.7599	0.7107	0.6651	0.6227	0.5835	0.5470	0.5132
8	0.9235	0.8535	0.7894	0.7307	0.6768	0.6274	0.5820	0.5403	0.5019	0.4665
9	0.9143	0.8368	0.7664	0.7026	0.6446	0.5919	0.5439	0.5002	0.4604	0.4241
10	0.9053	0.8203	0.7441	0.6756	0.6139	0.5584	0.5083	0.4632	0.4224	0.3855
11	0.8963	0.8043	0.7224	0.6496	0.5847	0.5268	0.4751	0.4289	0.3875	0.3505
12	0.8874	0.7885	0.7014	0.6246	0.5568	0.4970	0.4440	0.3971	0.3555	0.3186
13	0.8787	0.7730	0.6810	0.6006	0.5303	0.4688	0.4150	0.3677	0.3262	0.2897
14	0.8700	0.7579	0.6611	0.5775	0.5051	0.4423	0.3878	0.3405	0.2992	0.2633
15	0.8613	0.7430	0.6419	0.5553	0.4810	0.4173	0.3624	0.3152	0.2745	0.2394
16	0.8528	0.7284	0.6232	0.5339	0.4581	0.3936	0.3387	0.2919	0.2519	0.2176
17	0.8444	0.7142	0.6050	0.5134	0.4363	0.3714	0.3166	0.2703	0.2311	0.1978
18	0.8360	0.7002	0.5874	0.4936	0.4155	0.3503	0.2959	0.2502	0.2120	0.1799
19	0.8277	0.6864	0.5703	0.4746	0.3957	0.3305	0.2765	0.2317	0.1945	0.1635
20	0.8195	0.6730	0.5537	0.4564	0.3769	0.3118	0.2584	0.2145	0.1784	0.1486

年金現価係数表

年	利率									
	1%	2%	3%	4%	5%	6%	7%	8%	9%	10%
1	0.99	0.98	0.971	0.962	0.952	0.943	0.935	0.926	0.917	0.909
2	1.97	1.942	1.913	1.886	1.859	1.833	1.808	1.783	1.759	1.736
3	2.941	2.884	2.829	2.775	2.723	2.673	2.624	2.577	2.531	2.487
4	3.902	3.808	3.717	3.63	3.546	3.465	3.387	3.312	3.24	3.17
5	4.853	4.713	4.58	4.452	4.329	4.212	4.1	3.993	3.89	3.791
6	5.795	5.601	5.417	5.242	5.076	4.917	4.767	4.623	4.486	4.335
7	6.728	6.472	6.23	6.002	5.786	5.582	5.389	5.206	5.033	4.868
8	7.652	7.325	7.02	6.733	6.463	6.21	5.971	5.747	5.535	5.335
9	8.566	8.162	7.786	7.435	7.108	6.802	6.515	6.247	5.995	5.759
10	9.471	8.983	8.53	8.111	7.722	7.36	7.024	6.71	6.418	6.145
11	10.368	9.787	9.253	8.76	8.306	7.887	7.499	7.139	6.805	6.495
12	11.255	10.575	9.954	9.385	8.863	8.384	7.943	7.536	7.161	6.814
13	12.134	11.348	10.635	9.986	9.394	8.853	8.358	7.904	7.487	7.103
14	13.004	12.106	11.296	10.563	9.889	9.295	8.745	8.244	7.786	7.367
15	13.865	12.849	11.938	11.118	10.38	9.712	9.108	8.559	8.061	7.606
16	14.718	13.578	12.561	11.652	10.838	10.106	9.447	8.851	8.313	7.824
17	15.562	14.292	13.166	12.166	11.274	10.477	9.763	9.122	8.544	8.022
18	16.398	14.992	13.754	12.659	11.69	10.828	10.059	9.372	8.756	8.201
19	17.226	15.678	14.324	13.134	12.085	11.158	10.336	9.604	8.95	8.365
20	18.046	16.351	14.877	13.59	12.462	11.47	10.594	9.818	9.129	8.514

資本回収係数表

年	利率 1%	2%	3%	4%	5%	6%	7%	8%	9%	10%
1	1.01	1.02	1.03	1.04	1.05	1.06	1.07	1.08	1.09	1.1
2	0.50751	0.51505	0.52261	0.5302	0.5378	0.54544	0.55309	0.56077	0.56847	0.57619
3	0.34002	0.34675	0.35353	0.36035	0.36721	0.37411	0.38105	0.38803	0.39505	0.40211
4	0.25628	0.26262	0.26903	0.27549	0.28201	0.28859	0.29523	0.30192	0.30867	0.31547
5	0.2.604	0.21216	0.21835	0.22463	0.23097	0.2374	0.24389	0.25046	0.25079	0.2638
6	0.17255	0.17853	0.1846	0.19076	0.19702	0.20336	0.2098	0.21362	0.22292	0.22961
7	0.14863	0.15451	0.16051	0.16661	0.17282	0.17914	0.18555	0.19207	0.19869	0.20541
8	0.13069	0.13651	0.14246	0.14853	0.15472	0.16104	0.16747	0.17401	0.18067	0.18744
9	0.11674	0.12252	0.12843	0.13449	0.14069	0.14702	0.15349	0.16008	0.1668	0.17364
10	0.10558	0.11133	0.11723	0.12329	0.1295	0.13587	0.14238	0.14903	0.15582	0.16275
11	0.09645	0.10218	0.10808	0.11415	0.12039	0.12679	0.13336	0.14008	0.14695	0.15396
12	0.08885	0.09456	0.10046	0.10655	0.11283	0.11928	0.1259	0.1327	0.13965	0.14676
13	0.08241	0.08812	0.09403	0.10014	0.10646	0.11296	0.11965	0.12652	0.13357	0.14078
14	0.0769	0.0826	0.08853	0.09467	0.10102	0.10758	0.11434	0.1213	0.12843	0.13575
15	0.07212	0.07783	0.08377	0.08994	0.09634	0.10296	0.10979	0.11683	0.12406	0.13147
16	0.06794	0.07365	0.07961	0.08582	0.09227	0.09895	0.10586	0.11298	0.1203	0.12782
17	0.06426	0.06997	0.07595	0.0822	0.0887	0.09544	0.10243	0.10963	0.11705	0.12466
18	0.06098	0.0667	0.07271	0.07899	0.08555	0.09236	0.09941	0.1067	0.11421	0.12193
19	0.05805	0.06378	0.06981	0.07614	0.08275	0.08962	0.09675	0.10413	0.11173	0.11955
20	0.05542	0.06116	0.06722	0.07358	0.08024	0.08718	0.09439	0.10185	0.10955	0.11746

＜参考文献＞

第1章
1) 国土交通省編：平成16年度国土交通白書
2) 国土交通省編：平成19年度国土交通白書
3) 建設経済研究所：日本経済と公共投資、建設経済レポート、No.39
4) 日本建設業団体連合会他：建設業ハンドブック 2004、2005
5) 國島正彦・庄子幹雄：建設マネジメント原論、山海堂
6) 池田将明：建設事業とプロジェクトマネジメント、森北出版
7) 建設コンサルタント協会：建設コンサルタント白書、平成20年度
8) Containerisation International Yearbook
9) 日本道路協会編：道路、2008年4月号、5月号
10) 建設調査会編：建設マネジメント技術、2007年11月号

第2章
1) 土木学会編：土木工学ハンドブック、第53編「プロジェクトの評価」、技報堂出版
2) 土木学会編：土木工学ハンドブック、第54編「プロジェクトの実施」、技報堂出版
3) 土木学会編：土木工学ハンドブック、第55編「工事管理」、技報堂出版
4) 國島正彦・庄子幹雄：建設マネジメント原論、山海堂
5) 池田将明：建設事業とプロジェクトマネジメント、森北出版
6) 中川良隆：建設マネジメントの実務、山海堂
7) CM方式導入促進方策研究会：地方公共団体のCM方式活用マニュアル試案、建設業振興基金
8) 国土交通省マネジメント技術活用試行評価検討会：マネジメント技術活用試行評価検討会中間取りまとめ(概要版)
9) 石川六郎編著：海外建設プロジェクトと建設輸出、新体系土木工学(別巻)、技報堂出版
10) 関西国際空港株式会社建設事務所：関西国際空港
11) 建設工事積算研究会編：土木工事積算基準マニュアル、建設物価調査会

第3章
1) 柴田直一：見てわかる採算計算のノウハウ、経営実務出版
2) 千住鎮雄・伏見多美雄：経済性工学の基礎、意志決定のための経済性分析、日本能率協会
3) 千住鎮雄編：経済性分析、経営工学シリーズ、日本規格協会
4) 宮俊一郎：設備投資の採算判断、考え方の枠組みと実践化、有斐閣ビジネス
5) 伏見多美雄編：経営管理会計、経営工学シリーズ、日本規格協会
6) 山田勇治：たのしく学べる会計、創成社
7) 熊野実夫監修・日本実業出版社編：会社経理実務辞典、日本実業出版社

8) 石尾 登：企業の採算計算：エンジニアリングエコノミー、日刊工業新聞社
9) 糸魚川昭生：すぐに役立つ中小建設業の経営実務、鹿島出版会
10) 櫻井多賀男：これからのびるための建設業財務診断、建設総合サービス
11) 東洋経済新報社編：週間東洋経済 臨時増刊 データバンク会社財務カルテ
12) 山田太門：公共経済学、経済学入門シリーズ、日本経済新聞
13) 土木学会編：土木工学ハンドブック(第四版)、第53編「プロジェクトの評価」、技報堂出版
14) 土木学会編：建設プロジェクトの分析と評価、海外建設シリーズ3、土木学会
15) 土木学会編：海外交通プロジェクトの評価、鹿島出版会
16) 横山士郎編：プロジェクト・ファイナンス、有斐閣ビジネス
17) 建設省道路局、都市局：費用便益マニュアル
18) 中川良隆：建設マネジメントの実務、山海堂
19) 国土交通省：公共事業評価の費用便益分析に関する技術指針、平成16年2月
20) 国土交通省：治水経済調査マニュアル、平成17年4月

第4章

1) 建設業法研究会編：公共工事標準請負約款の解説、大成出版社
2) 髙比良和雄：日米欧の建設契約に関する制度と実態、土木学会誌、Vol.75-10
3) 髙比良和雄：欧米の建設契約制度、建設総合サービス
4) 坪田潤二郎：日米の入札、契約制度の違い、建設業界、Vol.39-2
5) 田嶋弘士・大西一宏：英国の建設事情、土木学会誌、Vol.75-10
6) 門川三郎・中野 保：要約土木法規、オーム社
7) 岡 尚平：土木法規へのアプローチ、技報堂出版
8) 岸本 進・天津公宏：土木法規の基礎、工学出版
9) 建設業法研究会編：建設業法解説、大成出版社
10) 國島正彦・庄子幹雄：建設マネジメント原論、山海堂
11) 池田将明：建設事業とプロジェクトマネジメント、森北出版
12) 中川良隆：建設マネジメントの実務、山海堂
13) 平出純一・唐沢尚紀・秋山均：大森本町一丁目舗装修繕工事および八潮四丁目舗装修繕工事性能規定発注方式の試行について、建設省国道課、関東地方建設局道路工事課
14) 建設業法研究会編：公共工事標準請負契約約款の解説、大成出版社
15) 施工条件明示研究会編：新版施工条件明示の実際、建設物価調査会
16) 公共工事入札契約適正化研究会編：公共工事入札・契約適正化法の解説、大成出版社
17) 吉永 茂：改正経営事項審査のポイント、建設業経営研究所

第 5 章

1) 土木工事実行予算研究会編：土木工事の実行予算と施工計画、建設物価調査会
2) 土木工事管理研究会編：土木工事の仕組みと手順、建設物価調査会
3) 土木施工管理技術研究会編：土木施工管理技術テキスト、地域開発研究所
4) 藤田修照：改定版土木工事の積算、経済調査会
5) 菅谷洗・平岡成明：施工計画および施工設備、山海堂
6) 北野章縮：土木工事施工計画書の作り方と実例第1〜3集、近代図書

第 6 章

1) 佐用泰司・山本安一：土木の見積と工程管理、鹿島出版会
2) 建設工事積算研究会編：建設省土木工事積算基準、建設物価調査会
3) 藤田修照：土木工事の積算、経済調査会
4) 伊丹康夫：建設機械の管理と施工、建設物価調査会
5) 建設省大臣官房建設機械課編：建設機械損料算定表、日本建設機械化協会
6) 糸魚川昭生：すぐに役立つ実行予算の作り方・活かし方：鹿島出版会
7) 宮原春樹：土木工事の施工計画と見積、すぐに役立つシリーズ、鹿島出版会
8) 藤田修照：建設工事契約・積算用語ハンドブック、経済調査会
9) 宮田弘之介他：工事工程管理、鹿島出版会

第 7 章

1) 日本建設業団体連合会他：建設業ハンドブック 2004、2005
2) 土木学会編：土木工学ハンドブック（第四版）、第 53 編「プロジェクトの評価」、技報堂出版
3) 鈴木啓之：やさしい建設業簿記、日本法令
4) 横井多賀男：建設業財務診断、建設総合サービス
5) 橋本賢一：技術者のための経理知識、技術情報センター講習会テキスト
6) 経営財務研究会：財務管理基礎講座、日本マンパワー
7) 伊藤 博：実践財務管理、ダイヤモンド社
8) 糸魚川昭生：すぐに役立つ実行予算の作り方・活かし方：鹿島出版会
9) 建設工業経営研究会：建設業会計概要、大成出版社
10) 飯塚孝文：全社員で考える建設業経営、清文社
11) 飯塚孝文：儲かる会社はここが違う、清文社
12) 建設省建設経済局：建設業の経営分析
13) 日本土木工業協会広報委員会：建設業界グラフ
14) 木下 荘：経理と原価管理で会社を伸ばす、経済調査会
15) 佐々木秀一：財務諸表入門、日本経済新聞社

第8章

1) 工藤 正：ISO の基礎知識と ISO9001 導入のメリット・デメリット、ISO 入門講座
2) 建設省建設経済局：建設産業政策大綱、大成出版社
3) 建設省建設経済局：建設産業改善戦略プログラム、建設業振興基金
4) 建設関係企業品質保証体制整備指針研究会：建設関係企業の品質体制整備のための指針と解説、日本規格協会
5) 酒井 孝：建設分野の ISO マネジメントシステムハンドブック、大成出版社
6) 荒木睦彦：建設業の ISO マネジメントシステム、彰国社
7) 中川良隆：建設マネジメントの実務、山海堂
8) 土木学会地球環境委員会編：建設業と環境マネジメントシステム、鹿島出版会
9) 日本規格協会編：JIS ハンドブック品質管理、日本規格協会
10) 吉田 弘：2000 年版 ISO9001、ダイヤモンド社
11) 岡孝夫・青木正他：2000 年改正版 9000s で会社を変えよう、日本工業新聞社
12) 建設業環境マネジメントシステム研究会：建設業の ISO14001、2004

第9章

1) 小沼 稔：建設業における ISO14000s 対応、工学図書
2) 荒木睦彦：建設業の ISO マネジメントシステム、彰国社
3) 労働省安全課編：ここがポイント日本の労働安全衛生マネジメントシステム指針と解説、中央労働災害防止協会
4) 建設業労働災害防止協会：建設業労働安全衛生マネジメントシステムのガイドラインの解説
5) 堀川 甫：14001 環境マネジメントシステム解説と Q&A、日本環境認証機構
6) HSE：Managing Health and Safety、An OpenLearning Workbook for Managers And Trainers
7) 鈴木敏央：新よくわかる ISO 環境法、ダイヤモンド社
8) 池田将明：建設事業とプロジェクトマネジメント、森北出版
9) 建設業 OSHMS 研究会：建設業リスク・アセスメントの進め方、労働調査会

索　引

あ

新しい入札方式　76
アットリスク方式　32
安全衛生委員会　245
安全衛生管理活動　216, 217
安全衛生管理計画　114, 115, 216
安全衛生管理体制　215
安全管理　4, 115, 215, 216

い

意思決定　55, 120, 195, 196
一般管理費　103, 104, 108, 121, 123
一般競争契約　25, 70
一般競争入札　72, 74-77, 79, 85-88, 189, 190, 198
一般建設業　91
インセンティブ　78, 136
インタレスト・カバレッジ・レシオ　42
インフレ条項　82

う

請負契約　3, 6, 7, 25, 27, 28, 69, 70, 80, 83, 91, 92
請負契約約款　4, 87
請負工事費　108, 121
請負方式　27, 28
ウルグアイラウンド　73
運転資本保有月数　176, 177, 183, 185

え

影響評価　204
エンジニアリング会社　31

か

会計法　72
会計検査院　9
瑕疵担保　83
仮想的市場法　56, 59
価値工学 (VE)　130, 134
ガット (GATT)　73
仮設備計画　114, 115
環境影響　201, 202, 204, 205
環境管理システム　208
環境基本計画　206
環境基本法　90, 206
環境政策大綱　206
環境側面　201
環境に対する主な国際条約　207
環境負荷　204, 208
環境方針　201, 202, 204-208
環境保全　21, 90, 113, 125-127, 187, 208
環境保全管理　21, 125, 126, 128
環境マネジメントシステム　5, 187, 188, 191, 199, 200, 201, 203, 204, 206
環境マネジメントプログラム　202
環境目的　202, 208
環境目標　202, 208
完成工事原価　168, 169, 170, 182
完成工事原価報告書　169
完成工事総利益　167, 168, 170, 182
完成工事高　168, 170, 182
ガントチャート　148, 149
管理図　21, 154, 155, 158, 159
関連法制度　2

き

危機　　164, 167, 199
企業会計原則　　163
危険源（ハザード）　　224-226
危険予知活動（KY活動）　　216, 217
技術士法　　90
技術者制度　　92
技術提案型総合評価方式　　76, 77
客観点数　　93
キャッシュフロー　　171, 172
キャッシュフロー計算書　　5, 162, 163, 171
競争入札　　7, 8, 31, 71, 88, 100
共通仮設費　　103, 121
強度率　　218, 219
緊急事態　　202, 221

け

経営者のコミットメント　　197
経営事項審査制度（経審）　　93
経済速度　　147
経常利益　　167, 168, 170, 182
契約後VE方式　　76, 78
契約書　　70, 71
決算書　　171-173
限界利益率　　51-53
原価管理　　4, 111, 119, 125-127, 129, 130, 132, 137, 138, 140-142, 144
原価計算書　　139
現価係数　　39-41, 43, 45, 46
現価係数表　　231, 232
減価償却　　46, 47
減価償却費　　45-48, 52, 95
原価低減　　4, 120, 126, 130, 133, 142, 175
原価統制　　126, 130, 142
原価比較法　　41, 44
現在価値　　40, 41, 43-46, 54, 55, 64
建設業の許可制度　　91
建設業法　　91
建設業労働安全衛生マネジメントシステム　　5, 220, 222
建設工事請負契約　　25, 71, 79
建設工事標準請負契約約款　　69
建設産業政策大綱　　206
建設投資　　10-12
建設プロジェクト　　1, 3, 19-27, 37, 38, 54
建設マネジメント　　1, 2, 129

こ

公共工事標準請負契約約款　　70, 79, 81
公共工事履行保証証券　　79, 83
公共事業長期計画　　16
貢献差益率　　51
工事請負契約　　71, 92, 117
工事請負契約約款　　4, 70
工事請負方式　　28, 29, 32
工事価格　　3, 6, 8, 16, 97, 103, 104, 108, 142, 143
工事完成基準　　141
工事完成保証人　　79
工事管理　　32, 114, 119
工事希望型指名競争入札　　75, 76
工事計画　　27, 151
工事進行基準　　141
工事損益管理　　142
工事の変更・中止　　81
工種別原価管理　　140
交通事故減少便益　　62-65
工程管理　　25, 125, 127, 129, 145-147, 193
工程計画　　101, 113, 114, 148
工程図表　　147, 148
工程能力図　　154-156
購買、調達計画　　114, 115
公募型指名競争入札　　75, 76
顧客重視　　193, 195, 196
顧客満足（CS）　　191, 192
国際規格　　187, 189, 190, 199, 203, 220
国際条約（環境に対する主な条約）　　207
国際入札　　73, 74
国土形成計画　　17
国内総生産（GDP）　　10-12
コストコントロール　　130, 131
コストダウン　　130, 133, 134, 140, 141, 204

固定費　　48-53, 147
固定比率　　176, 177, 183, 185, 186
固定負債比率　　176, 178, 183, 185, 186
コンストラクション・マネージャー　　31-33

さ

3者方式　　26, 28, 29, 32
採算性　　3, 4, 23, 37, 38, 41-45, 48, 49, 55, 185
採算速度　　147
最終原価予想　　139, 140
再生費用法　　57
最低制限価格　　9
最適工期　　146, 148
財務諸表　　85, 161, 162
作業標準　　132, 133, 154, 155, 216
座標式工程表　　148-151, 149, 150, 151
産業廃棄物　　78, 205

し

資源価値法　　137
事業計画　　4
事業執行制度　　2
資金計画　　24, 27, 43, 116, 117
自己資本比率　　95, 176-178, 183, 185, 186
システムアプローチ　　195, 196
下請負契約　　118, 138, 139
指定建設業　　91, 92
実行予算　　4, 97, 113, 119-123, 130, 133, 137-140, 142, 145
支払いボンド　　85
資本回収期間法　　42
資本回収係数　　39, 41
資本回収係数表　　233
指名競争契約　　25, 70
指名競争入札　　8, 9, 72-76, 80, 84, 86, 88, 189, 198
社会資本重点整備計画　　16
社会的割引率　　61, 64
斜線式工程表　　148
収益性の安全余裕率　　51, 52, 53

収益性分析　　37, 173
終価係数　　30, 40, 42
終価係数表　　229
収支予定表　　116, 117
主観点　　93
循環型社会　　14, 90
循環型社会形成推進基本法　　90
純工事費　　103
純便益の現在価値　　54-56
消費者余剰計測法　　56
情報管理　　125, 126
進度管理　　146

す

随意契約　　25, 70, 72, 73, 75, 84, 86-88
水質汚濁　　90, 204, 208
水質汚濁防止法　　90, 204
スパイラルアップ　　192
スライド条項　　82

せ

制限付競争入札　　86-88
政府調達協定
生産計画　　25, 162
生産構造　　2
生産性　　15, 22, 93, 142, 172, 173, 178, 181, 183, 185, 186
生産性分析　　178
性能規定発注方式　　76
セーフティ・アセスメント　　222-224, 227
世界貿易機関　　73
積算　　97
施工管理　　4, 27, 30, 93, 114, 125-128, 145
施工計画　　4, 25, 27, 97-102, 106, 111-117, 119, 120, 125, 128, 129, 133, 137, 146, 217, 222, 223
施工条件の明示　　78
施工体制台帳　　92, 118
施工高　　141, 142
設計VE方式　　76, 77
設計施工一括発注方式　　76, 77

設計図書　　　100
設計品質　　　153
設計変更　　　25, 30, 101, 112, 114, 129, 140,
　　　　　　　141, 143-145
設備投資　　　162, 174, 177
説明責任　　　55
全国総合開発計画　　　16

そ

総括安全衛生管理者　　　216
走行経費減少便益　　　62, 63, 65
走行時間短縮便益　　　62, 65
総合評価方式　　　76, 77
総資本回転率　　　173-175, 183, 185
総資本経常利益率　　　95, 173, 174, 183, 185
損益計算書（P/L）　　　5, 51, 52, 162, 163,
　　　　　　　167-171, 181, 182
損益分岐点　　　4, 48-53, 147
損益分岐点売上高　　　50, 51, 53
損益分岐点比率　　　51-53
損益分岐点分析　　　48-50

た

対GDP比率　　　10-12
第3セクター方式　　　28, 33, 34
代価算出根拠　　　110
大気汚染　　　62, 90, 190, 201, 202, 207
大気汚染防止法　　　90
第三者に及ぼした損害　　　82
貸借対照表（B/S）　　　5, 162-167, 171, 172, 181
代替法　　　56-58, 60
段階施工　　　33
断面損益　　　138

ち

チェックリスト　　　222, 226
治山・治水事業の費用便益分析　　　66, 67
直営方式　　　27, 28
直接工事費　　　103, 108, 120, 121
直接支出・収入法　　　57
賃金・物価変動　　　82

つ

ツール・ボックス・ミーティング　　　216, 217

て

定額法　　　47
定率法　　　47
出来高　　　116, 139, 152
出来高工程曲線　　　148, 152
天災不可抗力　　　82

と

統括安全衛生責任者　　　216
当期利益　　　168, 170, 182
当座比率　　　93, 176, 183, 185
投資利益率　　　41-43
道路事業の費用便益分析　　　61-65
特性要因図　　　21, 155, 157, 158
特定建設業　　　91
特命入札　　　71-73, 81
土壌汚染　　　90, 190
度数率　　　217-219
特許権　　　164, 165
トップマネジメント　　　192, 196, 197, 201
土木工事保険　　　117
トラベルコスト法　　　56, 59, 60
取下管理　　　142, 143

な

内外無差別　　　73
内部収益率　　　55

に

日本適合性認定協会　　　188
入札制度　　　2, 8, 25, 71, 72, 74, 87
入札ボンド　　　79, 80, 85, 88

ね

ネットワーク式工程表　　　148, 151
年金現価係数　　　39, 40, 41, 45, 46
年金現価係数表　　　232
年金終価係数表　　　230

は

バーチャート　148, 149
バイアス　59, 60
廃棄物　16, 35, 78, 90, 100, 190, 201, 203, 206-208
廃棄物処理法　204
発生確率　67, 224
張付方式　105, 106
バリュー・エンジニアリング　134
パレート図　155, 157

ひ

ヒストグラム　154-156
必要売上高　51, 53
ピュア(CM)方式　32
標準請負契約約款　70, 145
標準時間　105, 133
費用便益比　54-56
費用便益分析　4, 23, 37, 54-56, 60, 61, 65, 66
品質確保法　76, 83
品質管理　21, 25, 115, 125, 127, 129, 132, 145, 152-155, 190, 198
品質管理計画　114, 115
品質管理システム　198
品質管理図　155
品質計画　196
品質計画書　198
品質特性　153-156, 158
品質標準　154, 155
品質方針　197, 192, 193
品質保証　190, 191
品質マネジメント　187, 191, 195, 196
品質マネジメント8つの原則　195
品質マネジメントシステム　5, 21, 188, 191-193, 195-197

年千人率　218

ふ

ファースト・トラッキング方式　33
フィージビリティ調査　24, 31
付加価値　6, 95, 178-180, 184
歩掛方式　105, 106
複利計算　4, 38-41, 44
福利・厚生　38
プロジェクトマネジメント　21
プロセスアプローチ　195, 196

へ

ヘドニック法　56, 58, 60
変動費　48-53, 147

ほ

防止支出法　37
法定耐用年数　47
法的要求事項　201, 202, 205, 206

ま

マネジメントレビュー　193, 296, 197, 203

み

見積り　97-99, 101, 106, 108, 111, 119, 120
民活法　33

も

元請負人　92
モデル　59, 192, 195, 200, 203
元方安全衛生管理者　216

よ

要素別原価管理　140
横線式工程表　148, 149

ら

ライフサイクル・アセスメント(LCA)　199

り

リーダーシップ　*195, 196*
利益管理　*142*
利益図表　*147*
利益比較法　*41*
履行保証保険　*79*
履行ボンド　*79, 80, 85*
リサイクル　*203, 204, 208*
リスク　*21, 31-39, 69, 99, 117, 204, 222-227*
リスクアセスメント　*222, 224-226*
リスク移転　*36*
リスク回避　*69*
リスク評価　*226*
リスクマネジメント　*204*
流動性分析　*176*
流動比率　*176, 183, 185*

れ

連結キャッシュフロー計算書　*162*

ろ

労災保険　*118*
労働安全衛生管理　*215, 220-222*
労働安全衛生法　*5, 90, 212, 213, 215, 220*
労働安全衛生マネジメント　*5, 209, 220*
労働安全衛生マネジメントシステム　*5, 220, 222*
労働基準法　*90, 211, 212, 214*
労働災害　*5, 115, 209-211, 213-215, 217, 219-222*
労働生産性　*15, 178, 183, 185, 186*
労働分配率　*179, 180*

わ

割引(率)　*40, 55, 65, 66*
割増賃金　*105*

アルファベット

BEP　*147*
BOO方式　*35*
BOT方式　*35*
BTO方式　*35*
CM方式　*28, 31-33*
CMR　*31, 32*
COSMS　*220*
CPM　*148, 151*
DB方式　*28, 30*
FMEA　*222, 223*
FMEA手法　*222*
IE　*21*
ILO　*220*
ISO(国際標準化機構)　*5, 21, 187-189, 197-199, 220, 224*
ISO9000s　*5, 187, 190, 191, 198, 220*
ISO9001　*188, 190, 191, 193, 194, 198*
ISO14000s　*5, 187, 199, 204*
ISO14001　*188, 190, 200, 203, 204*
ISO規格　*5, 187, 188*
JAB　*188*
KY活動　*216, 217*
NJCC基準　*86*
OHSMS　*220*
PERT　*113, 148, 151*
PFI方式　*28, 34-36*
QC　*21*
QC7つ道具　*155*
R管理図　*159*
SE　*21*
TBM　*216, 217*
TQC　*21*
Turn Key方式　*28, 31*
VE　*21, 76, 77, 130, 134-137, 140, 142*
WTO協定　*73, 74*
$\bar{X}$管理図　*159*
$\bar{X}$-R管理図　*158, 159*
X-Rs-Rm管理図　*158, 159*

著者略歴

市野 道明（いちの みちあき）

1946年生まれ。日本大学大学院理工学研究科修了
佐藤工業株式会社東京支店作業所長を経て、土木技術課長、土木課長、
土木技術部長、土木部長、土木総括副支店長
現在：東邦技術株式会社取締役、ジャパンテクノリサーチ技術士事務所代表、
　　　秋田大学講師（非常勤）、東北学院大学講師（非常勤）
博士（工学）（早稲田大学）
技術士（総合技術監理部門）
技術士（建設部門：土質および基礎）
技術士（建設部門：建設環境）
技術士（水道部門：下水道）

田中 豊明（たなか とよあき）

1943年生まれ、早稲田大学理工学部卒業
佐藤工業株式会社大阪支店作業所長を経て、土木技術課長、土木技術部長
現在：浩洋設計株式会社取締役社長
技術士（建設部門：施工計画、施工設備および積算）

建設マネジメント
総合技術監理へのアプローチ

2009年7月20日　第1刷発行©

著　者	市　野　道　明
	田　中　豊　明

発行者　鹿　島　光　一

発行所　鹿　島　出　版　会
　　　　107-0052　東京都港区赤坂6丁目2番8号
　　　　Tel. 03(5574)8600　振替 00160-2-180883
　　　　無断転載を禁じます。
　　　　落丁・乱丁本はお取替えいたします。

装幀：伊勢功治　　DTP：編集室ポルカ
印刷・製本：創栄図書印刷
©Michiaki Ichino & Toyoaki Tanaka, 2009
ISBN 978-4-306-02412-0　C3052　　　Printed in Japan

本書の内容に関するご意見・ご感想は下記までお寄せください。
URL：http://www.kajima-publishing.co.jp
E-mail：info@kajima-publishing.co.jp